すちゃらかTV! 3

カトリーヌあやこ

角川書店

すちゃらかTV! ③

もくじ

DRAMA編

カトの熱烈ラブコール対談！

VARIETY編

SPORTS編

STAFF

装丁・デザイン
上田宏志
(ゼブラ)

取材・文
遠藤暁

制作進行
西 繁
(角川書店)

編集
小島旬子
(角川書店)

編集アシスタント
榎本直子
(角川書店)

d r a m a

D 編

'95年10月18日〜12月13日

「たたかうお嫁さま」

(水)

22：00〜22：54

日本テレビ系

たたかうお嫁さま♥
(日本テレビ系)
水・夜10時〜
◎敦子(松本明子)を選んだというだけで、(松本さんスイマセン)俊平(保阪)がとってもイイ奴に見える!
毎回、結婚へのカウントダウン。式場、仲人、エンゲージリングなどなどをテーマに、騒動おこる↓松本明子かけまわる↓保阪とケンカ(保阪、早とちりした橋爪さんになぐられる場合あり)↓仲なおり(ここでホロリとするエピソードあり)↓ところがまたも事件発生でつづく!…と、このテンポのよさでフムフム見ちゃうっスー!

橋爪さんに…

ハマってます!

俊平♥幸せにするからねッ
よろしくお願いしますー
◎このドラマのキモはなんといっても敦子の父橋爪功さんだッ!短気で早とちりな日本のお父さん。俊平の家にあいさつに行ってウォシュレッドがわからず、ズボンびしょびしょにしちゃうとこなんて、ラブリーすぎて涙!
∵父親と性格そっくりはなばな敦子
敦子オ…
きっと泣くにちがいない
ラブリー橋爪♥
敦子の弟役村上淳くんがいかにも弟!って感じのとっぽさで、すごくグ〜〜だ!
大丈夫かよ…
お父さんが石倉三郎、お母さんが泉ピン子でなぜこんなカワイイ娘が!?の宝生舞

no.
001

すごい保阪君がカッコよかったんですよね。便器の会社のデザイナー役で、配管工事みたいなのもするんだけど、とてもサラリーマンには思えないような、黒のコートに黒の革手袋という着こなしで…。それに、すごく松本明子に優しくて、心が広くて、このドラマを見て、保阪君と結婚したいって思ってしまいました。

staff

プロデューサー＝小杉善信／田中芳樹　ディレクター＝雨宮望／佐藤東弥ほか　脚本＝寺田敏雄

出演＝松本明子／保阪尚輝／橋爪功

'95年10月21日～12月16日

「ザ・シェフ」

(土)

21：00～21：54

日本テレビ系

ザ!・シェフ
日本テレビ系・土・夜9じ～
◎「人は彼をこう呼ぶーー ザ・シェフ」って、もー ただのシェフじゃないぞ、ザ・がつくんだねザ・が！ ちくわぶ20本でブラック・ジャックのように現われ タイガー・マスクのように ホームに寄付をしていくシェフ・味沢匠!!
ヒガシの能面のよーな表情と、時代劇のよーなセリフ回しがピッタシはまっててなんだかワケわかんねーけど、すごいシェフって感じだ！ 車のホイールで焼いちゃうフライパンとか焼け石入れちゃうブイヤベースもすげえッ！ でもバイクでひいたマグロはちょっと食べたくないかも…。
先生笑ってくれたぜ！ 少しだけだけど…
それって無表情ってことですか？
けなげな太一君→
ザ・シェフです ハダカでねてます
ボッ
たべちゃいたいわー
いつもぶたれてて かわいそーな 梶原さん→
ママ…
ショボン
←慶ちゃん どうしたの？ あやしーわ
◎1話でエンピツをへし折ってた千堂ちゃん↓ どーせならトライデントの歯で折ってほしかった。
←こちら あやしすぎる川島さん
バキ

no. 002

ヒガシが雇われシェフ役で、屋台のおでん屋で暗号みたいにして依頼がくるのが不思議でしたね。後楽園ホールだと思われる場所で、マグロ勝負をやった回には、バイクで現れたヒガシが、そのバイクでマグロをひいて、タルタルにしてたんですけど、でも、それはやめろって思ったのはすごい覚えてます。すごい立派な家に住んで、裸で寝てたのも印象的で、何か気になるドラマでした。

プロデューサー＝小杉善信／小山啓　ディレクター＝猪股隆一／古賀倫明ほか　脚本＝吉本昌弘／江頭美智留
出演＝東山紀之／千堂あきほ／国分太一

staff

'95年10月12日〜'96年3月28日

「3年B組金八先生」

(木)
21：00〜21：54
TBS系

3年B組 金八先生
TBS系・木・夜9じ〜
やっぱり荒川土手では外人娘がジョギングしてなきゃーと、見てって楽くうなづいてしまう金八世代のカト・もしかしてDNAに金八先生の説教がしみついてるのでは…ちゅーくらい。「心がかぜをひいている」なんて金八らしいフレーズに思わず聞きいってしまうーー。
ダウンタウンの松ちゃんもさっそく『ガキつか』で♪スタ〜〜ト ライ〜〜ン♪って歌ってたぞ。
後半、星野清(マッチ)が出るとゆーウワサもあって すんげー楽しみっス。
おかえりなさーい 金八先生!!
君たちのことは先生のこと。君たちの心配は先生の心配です
思い出の金八先生
と、→山田麗子(三原順子)たちがクラスメートにヤキいれてた時、つっぱりの沢村正治(トシちゃん)
今の季節偏差値を気にしない中学生はいないんだよ
偏差値気にする不良って…と思った
正治 顔はめだつよ ボディだボディ
個性的な生徒さん
いじめっコ 広島美香
「ゾウで待て」が委員長
キミって…「稲中卓球部」にいなかったか?
気になる最前列のスミのコ
3-B
たしか I の名取裕子先生は、カンカンと結婚したんでは…!?
教頭が校長になってた
「カンカン」こと乾先生もつけたし
金八センセー!

no. 003

〝金八〟は長いですよね。このシリーズには小嶺麗奈と、のちに「魔女の条件」でタッキーをゆすってたコ、反田孝幸が出てました。当時、彼は葉月里緒菜とポケベルのCMにも出演していて、そのメッセージに「ゾウデマテ」って入ってたところから、うちではいまだに反田君を「ゾウデマテ」って呼んでます。あと、教頭役の李麗仙の「私はこんなにエリートに息子を育てたのに、井戸を掘りに行ってしまったんです」というセリフに、思わず「(大鶴)義丹?義丹?」って実の息子さんのことを思い浮かべたのを覚えてます。

プロデューサー＝柳井満　ディレクター＝生野慈朗ほか　脚本＝小山内美江子
出演＝武田鉄矢／李麗仙／早崎文司

staff

'95年11月22日〜'96年5月29日

「X-ファイル」

(水)
20：00〜20：54

テレビ朝日系

X-ファイル
テレビ朝日系
水・8時〜
『X-ファイル』はオープニングが矢追純一スペシャルみたいでワクワクするね。宇宙人ものと、超常現象ものがあるけど、けっこうホントにありそーな精神的なヤツはコワイッス。
だいたい「謎は謎のまま」で解決しないとこが、ウルトラシリーズでいうと「ウルトラQ」？
第1シリーズのカトのおススメは『スクイーズ』!! 第2第3も早く見たーーい。
なんとカトは「X-ファイル」のモルダー&スカリー捜査官に'95年秋お会いしたんですわーーカナダで…
実はカナダで撮影してる
そのせつはお世話になりましたテレ朝様
その日髪ボサボサ
髪かな(笑)
「FBI捜査官を演じるのに気を使っていることは?」という質問に…
とってもき気さくでおちゃめだったモルダー
←(デビッド・ドゥカブニー)
この人『ツイン・ピークス』でゲイのFBIやってたよなー
女装すると高見沢俊彦似
ちらりーん♥
脚線美…。
沙粧もまっつあおの胸あきブラウス！だったスカリー(ジリアン・アンダーソン)
テレで見るよりキャシャで、とってもマジメそーなお姉ちゃんだった
でもブラは黒
チェックすんなって

no.
004

これは久々の海外ドラマで、その後、海外ドラマ・ブームが来ましたね。「ビバリーヒルズ青春白書」とか「アリー・myラブ」とか「ER」とか。ここにも書いてあるけど、実はカナダで撮ってたんですね。カナダのほうが安いから。このときはテレビ朝日の方たちが撮影現場に連れてってくれたんですけど、ラスベガスの真ん中で、UFOを呼ぶっていうイベントをすごい楽しみにしてたら、中止になってしまって、残念でした。基本的に1話解決パターンなのに、解決しない話もあって、それがすごく怖かったな。だから結局、X-ファイルはどんどんたまっていたと思うんだけど…。

製作総指揮＝クリス・カーター　日本語版プロデューサー＝圓井一夫
出演＝デビッド・ドゥカブニー／ジリアス・アンダーソン

staff

'96年1月8日〜3月11日

「ハンサムマン」

(月)

20：00〜20：54

テレビ朝日系

ハンサムマン
テレビ朝日系
月・8じ〜

いやー久びさのバカドラマッス!!（←ホメことば）
エッチなことを考えると
松村に変身してしまう
長野くん。さすが『Vの
炎』でワープロ空中に
うかべて打ってただけある…。
これでもかのバカバカしさが、いっそ
すがすがしーぞ！松村くんが
シャワー浴びた女に迫るとこ
なんか『スターどっきり』でHな
女に騙されてた姿
を思い出して涙…。
デブに変身したとたんボコボコにされちゃう主人公。
ホント松村くんの立場は……!?
良毒賢母になるわーん
がんばらべっちゃ！
緑色の伝説って知ってるかい？
（しらねーよ）
イキイキしてるよ、羽賀さん
イッツショーターイム！
長野くん プレイボーイぶりは羽賀センパイに負けてるかも。まだちょっちテレがある?!
服の中にメスが!! でも手術用メスでさばいた魚はくいたくないなー。
こんな太るのになぜ服はやぶれないの!?
パキン
おバカな役ハマってナイスなマーミン
長野→松村の変身CG合成モーフィングがすごくよくできてるー！指までちぢんで太っちゃうとこが笑えるのー。

no. 005

カトの好きな〝テレ朝・月8〟ですが、うちのお母さんは長野君のことをいまでもハンサムマンって呼んでます。当時、友達と、もとが長野君だったら、松村君に変身してもいいっていう話になったこともありました。カトの大好きな枝雀さんも出てました。だけど、長野君はのちに「ウルトラマンティガ」にも出演してるから、これでマンづいちゃったんですね。

プロデューサー＝久野昌宏／五十嵐文郎　ディレクター＝堤幸彦／今関あきよし
脚本＝飯田まち子／下等ひろき　出演＝長野博／松村邦洋／小沢真珠

staff

'96年1月13日〜3月16日

「銀狼怪奇ファイル」

(土)

21：00〜21：54

日本テレビ系

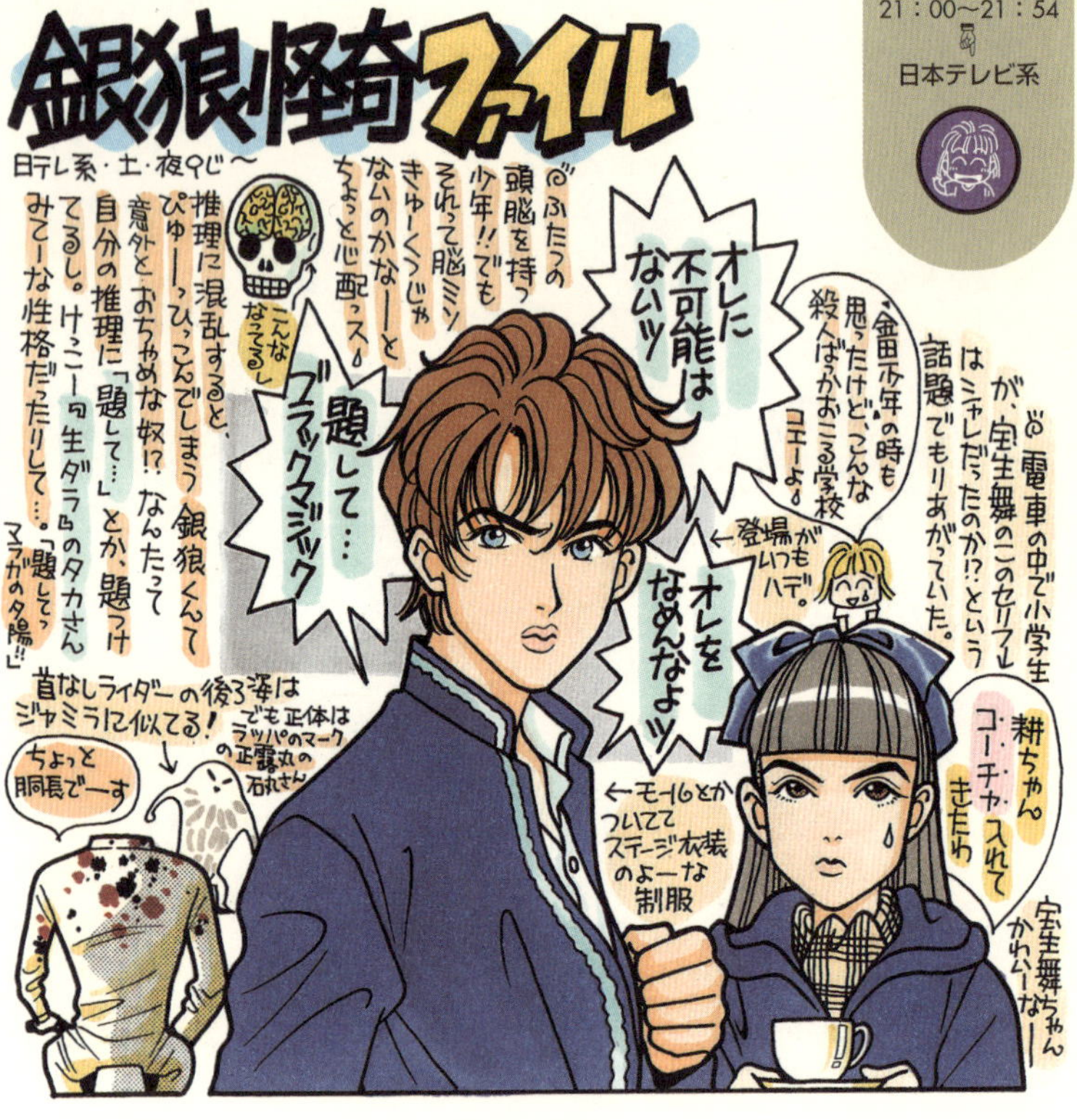

銀狼怪奇ファイル
日テレ系・土・夜9じ〜
◎電車の中で小学生が、宝生舞のこのセリフ↓はシャレだったのか!?という話題でもりあがっていた。
"金田一少年の時も思ったけど、こんな殺人ばっかおこる学校コエーよ。
オレに不可能はないッ
←登場がいつもハデ。
オレをなめんなよッ
耕ちゃんコーチャ入れてきたわ
宝生舞ちゃんかわいーなーー
←モー16とかついててステージ衣装のよーな制服
◎ふたつの頭脳を持つ少年!! でもそれって脳ミソきゅーくつじゃないのかなーーとちょっと心配っス。
こんななってるし
題して…ブラックマジック
推理に混乱すると、ぴゅーっひっこんでしまう銀狼くんて意外とおちゃめな奴!? なんたって自分の推理に「題して…」とか、題つけてるし。けっこー『生ダラ』のタカさんみてーな性格だったりして…。「題してマンガの夕陽!!」
首なしライダーの後ろ姿はジャミラに似てる!
でも正体はラッパのマークの正露丸の石丸さん
ちょっと胴長でーす

no.
006

すごい好きだったなぁ。美しかったなぁ〜、光ちゃん。主題歌はマッチの「ミッドナイト・シャッフル」。いい感じの曲で、よくカラオケで歌いました。宝生舞ちゃんは、このころよくKinKiと共演してましたよね。いっしょに出演してたベネッセのCMもよくて、いいツッコミ・キャラって感じでした。

プロデューサー＝小杉善信／井上健ほか　ディレクター＝佐藤東弥ほか　脚本＝田子明弘／大石哲也ほか
出演＝堂本光一／宝生舞／中山エミリ

staff

'96年1月10日～3月13日

「奇跡のロマンス」

(水)
22：00～22：54
日本テレビ系

奇跡のロマンス
(日本テレビ系・水・夜10時～)
◎『101回目のプロポーズ』関西リミックスバージョンって感じ!? 熱意と体力で、子持ちの葉月に迫るとこはちょっと『セカンド・チャンス』もあり。それにしても妹の結婚式場の名前まで忘れちゃう赤井さんって奇跡のおばかさんか!?・偶然いろんなとこで葉月に会っちゃうのも そのおばかパワーのなせる技!? これなら奇跡もおこるハズ…。
しょうゆ入れんかったらうま煮はマズいか?
将を射んと欲っすれば まず馬を射よじゃ!!
年くった仲よし兄妹↓ ケンカシーンが一番たのしい◎
しっかりしぃー!っ
さすが舞台できたえたはげしー動きがいかす生瀬さん
またこの子役がいたいけなんだな
↱またふられそーな袴田っち 彼にも奇跡をおこしてあげたいッ
↑ちょーちん職人。大阪に帰らなくても平気なの?
このジャージ 海だと ノリさんみたい
おそろいのジャージ

no. 007

この子役の伊藤隆大君は、目の不自由な役だったんだけど、演技がすごいうまかったんだよね。最近何かのドラマで見たら、すごい大きくなってて驚きました。で、ハカマダっちがまたハカマダっちな役で、ここにも「またふられそーな」って書いてあるけど、まさにその通り終わりましたね。主役の赤井さんは、生瀬勝久さんと羽野晶紀さんとジャージ3兄妹という設定で、本当のお兄さんみたいでした。でも、このドラマのときはまだ葉月の魔性度が少ないころでしたねぇ。

プロデューサー＝小杉善信／神蔵克ほか　ディレクター＝水田伸生／武藤数顕　脚本＝輿水泰弘
出演＝赤井英和／葉月里緒菜／袴田吉彦

staff

'96年1月11日〜3月21日

「味いちもんめ」

(木)

21：00〜21：54

テレビ朝日系

味いちもんめ
(テレビ朝日系)
木・夜9時〜
◎あの、おちゃめでヤンキーな板前、伊橋が帰ってきました
京都編。なんとムっても横山役の今井雅之さんだ!
声でかムっスねー!!
伊橋をどなりつける時なんか、セットに声がこだましてるよーな気がするぞ。
そして、しムたげられるのが似合う男・中居くん!どんなにドカバキされても、決してひるまないムい目の強さが男前だ!
なんかアドリブばしばしで、出演してるみなさんとっても楽しそーでムーっスね。ところで東京の藤村のみんなが京都の居酒屋に入った時
「とりあえずビールと納豆!」ってたけどビールに納豆はなー。東京でもちょっとなー
ありゃりゃ〜声でけ〜んだからもォー
ム…伊橋くん…
おろおろ
キ〜〜ン
いつも赤い靴下→
ここは東京やないんやでェおるぁーッ
けっこーおいしーとことってく親方
キラーリ
伊橋!
←ワケ知りガオな稔侍さん
くいしんぼバンザイッラ
←だから自信もってムムハズ
ファイトォー ムっぱーっ
←耳大きムよねー

これは第2シリーズで、京都編。今井さんをはじめ男ばっかり出てて、ワーッと殴り合いになる〝男ドラマ〟って感じでした。でも、この伊橋役は中居君のはまり役。「ナニワ金融道」もそうだけど、色恋とかがあまりない青年マンガの主人公がよく似合うんですよね。このころ、中居君は土下座させれば日本一なくらい、潔い土下座っぷりをしていました。

no. 008

プロデューサー＝五十嵐文朗　ディレクター＝斉藤郁郎／池添博　脚本＝両沢和幸
出演＝中居正広／小林稔侍／野際陽子

staff

'96年1月11日〜3月21日

「白線流し」

(木)
22：00〜22：54
フジ系

白線流し
フジテレビ系
木・夜10じ〜
※校門の前でゲキトツ、入れ替わってしまった本、すれちがう電車……。いやー基本スよ、少女まんがの基本！長瀬くんなんて見ためそのまんま少女まんがに出てきそーな男のコ（しかも別マ系）。不幸な生いたちに、女のコはひかれるんだよなー。ケンカも強くてしびれるなーっ。不良のたまり場は『スナック仮面』。毎晩舞踏会やってんでしょーか？松本の不良はスナック好き？と、いいつつドラマ見ながら、ついついマンガのコマわりしたくなるカトだった。
カン カン カン カン……

中村竜くんかわいーよねー
なさけない系だけど梅原くんファイトだー!!

少女まんがの男のコは無口がモテる！

木星は太陽になれなかった惑星で…

ついこの前ボイジャーの探査で、この説はあやしくなったらしいっス。木星には思ったよりヘリウムがなかった。

日記なのだ……

園子の日記はちょっとバカボンのパパが入ってるのだー！

パパだからパパなのだー

no. 009

このドラマは好きだったニャー。ここにも書いてあるように、少女マンガって感じで。最初に長瀬と酒井がぶつかって、持ってた本が入れ違っちゃうとか、普通科に通う酒井と夜間高校に通う長瀬が同じ机を使っていて、そこに点があって、つないでいくと星座になるとか、小技が効いてました。カッシーはメガネをかけた秀才役だったんですけど、風邪ひいてるのに、すごい無理して、みんなと天文台に泊まりに行っちゃう話があって、そのとき、カトはメガネ君の頑張りぶりに心打たれました。

staff

プロデューサー＝本間欧彦／関本広文　ディレクター＝木村達昭／本間欧彦ほか　脚本＝信本敬子／原田裕樹
出演＝長瀬智也／酒井美紀／京野ことみ

'96年1月10日～3月13日

「古畑任三郎」

(水)

21：00～21：54

フジ系

深夜の『巡査・今泉…』との合わせ技で、ますます
おちゃめさに磨きがかかる
『古畑任三郎』だ。古畑さんが
後ろ髪長いのは、校則
に対する反発だったと
は―！さらにゴールデン
ハーフスペシャルのルナファ
ン。そしてテレビ好きの心
をくすぐるよーな数々の
なつかしテレビネタは、さすが三谷
さんの脚本だー！！今泉さんの
びくびくいじめられっぷりも
いとおしい♥カトとしてはクイズ王
の回、田村さんが志村けんみてーに
だあ～と口から水出してくれるん
ではッと、つい期待してしまいましたが♪
そう、やらないよね そこまでは…。
古畑任三郎
フジテレビ系
水・9時～
私の顔の中に海産物がかくされています。
わかりますか？今泉慎太郎でした
ココ。海苔。
すぐわかるよ今泉くーん
巡査・今泉慎太郎
西村さんキュートだぜっ!!
「どんぐりの背くらべ」の反対語わかりまっ？
『ハキダメにツル』とは知りませんでした。
クイズ王の回の時、謎解きする古畑さんのうしろでミョーにずっとうつってる池田貴族
心霊写真くれるらしい。

no.

010

深夜には「巡査・今泉慎太郎」も放送していて、のちに「踊る捜査線」でも「踊るスリーアミーゴス」のような合わせ技シリーズになってました。そこで西村さんが「今泉は素敵だ～」って歌っていたのもすごい覚えてます。古畑って、すごいシリアスなときとギャグ・テイストのときとあって、風間杜夫さんの回は思わず犯人に同情するくらい、ウソにウソを塗り固めてた。あとは、澤村藤十郎さんの回が好きだったんですよね。古美術商の役で、本物の壺は壊せないっていう澤村さんに、古畑が敬意を表すのがすごい印象的だった。

プロデューサー＝関口静夫　ディレクター＝河野圭太／松田秀知　脚本＝三谷幸喜
出演＝田村正和／西村雅彦／白井晃

staff

'96年1月8日～3月18日

「ピュア」

(月)

21：00～21：54

フジ系

no. 011

和久井ちゃんの人気を決定づけたドラマですね。堤君が復讐をしようとしてた政治家の息子の弟役の子がかわいかったですね。

プロデューサー＝栗原美和子　ディレクター＝中江功ほか　脚本＝龍居由佳里ほか

出演＝和久井映見／堤真一／高橋克典

staff

'96年1月7日～12月22日

「秀吉」

(日)

20：00～20：45

NHK総合

秀吉
日・夜8時～
NHK総合
※大河ドラマ史上NO.1ツバ飛び量を誇るよねー、竹中さん。木に登って叫ぶとこなんか劇画タッチ!「じりあがり寿さんが白土三平風に描いた絵」みたいなんじゃないスか?このキョーレツなキャラクターは、裏の『ごっつ…』にも負けないかも!? カトは足利義昭役の玉置さんが、あやしくてお気に入りー♪
ホ
おやえ～
いあーおっ
ハゲネズミめが……
え?秀吉ってハゲてたの?それとも竹中さんだから…?
お館さま
とても色黒。ちょっとドニーテ青木はムってる
おね(沢口靖子)が酔った時、ミョ～に顔が赤いメークで、一瞬コント!? お館さまが志村けんだったらど～しよ～かと思っちまいました
よろしゅうおねぎゃーします
市原悦子さんが時代劇出るとついつい「ぼうや～」と歌いたくなる…。
日本むかしばなしじゃねーって
兄者っ
竹中さんの前ではホテル・政伸も静かな人に見えるなり…。

no. 012

大河ドラマにしては、珍しくみんな見たゾーって感じで、すごい評判になりましたよね。でも、秀吉って、すごいツバとびまくりで怖かったなぁ。竹中さんのウワーッみたいな顔の演技もすごかったし。ここにも書いてあるように、お公家さんっぽいメイクで、足利将軍をやってた玉置さんは妙にはまってました。

制作統括＝西村与志木　ディレクター＝佐藤幹夫ほか　脚本＝竹山洋
出演＝竹中直人／沢口靖子／高嶋政伸

staff

「春の新番切っても切れない名コンビ集！」

春の新番 切っても切れない 名コンビ集！

おや？ あの人とこの人は前もいっしょにやってなかったか!? そんなコンビをみつけてみたよ…

『竜馬におまかせ！』

浜ちゃんに内藤さんといったら『人生は上々だ』の金貸しコンビ！ またも内藤さんに頭あがらない役!?

勝海舟役→

かなわんなー
反町くんと北原くんは『未成年』コンビだ…

仲よくしよーな
また友だち少なそーな反町くんだが…

しぶいネ
『炎の消防隊』

アズミキッス上司は高樹沙耶。『お金がない！』っス。

『勝利の女神』

陣内さんと風間トオルさんは『出逢った頃の君でいて』でのりP、中川安奈まじえてエラいことになってましたなー。こんどは生徒のとりあいですめばいいが…

昔オレのカミさんとっただろ…!?

コキュでーす
とってもアクいヤツだった
『透明人間』

ホホホホ…

『その名も『ジェラシー』ってドラマで共演してた石田純一さんと黒木瞳さん。すぐ手首カット攻撃に出るコワいヒトだった…。

たちけて〜！

今回は刑事と鑑識。今泉と桑原みたいなモン!?

no.

013

「炎の消防隊」は、四ツ谷3丁目の消防署が舞台で、映画の「バックドラフト」を意識した作りでしたね。「竜馬におまかせ！」は三谷幸喜脚本で、オープニングでみんなでバスケしてた記憶がありますね。あと「若葉のころ」でも、ＫｉｎＫｉがバスケをしてて、タイトル・ロールがバスケ・ブームだったような…。

'96年4月7日〜6月30日

「その気になるまで」

(日)
21：00〜21：54
TBS系

その気になるまで
TBS系
日・夜9時
いやーー！、
真田広之さんは、コワくて見れねーーだろ、このドラマ。
手塚理美さん、『男女7人秋物語』の時は、ビラまかれちゃうOLだったけど、今回はバツイチ子持ち。ダンナへの不満をブチまけるところは迫真の演技!? それも初めて会ったさんまさんに、そこまで言う！状態。
ところで女性陣が知り合ったキッカケは秋野さんがパチンコ屋で、落ちこんでるみなさんに声をかけたから。ふつーパチンコ屋でおちこんでる、つーと「いくらスッたの？」って思うけどな。内面見ぬく秋野さんエラし！
あなたは生きがいもやすらぎも外に求めたのよッ
さんちゃんタジタジ……。
しゃあないやろー
オレ、ダンナちゃうで、
ナイスチューミーチュー
今後赤井さんは秋野さんとラブに!?
佐野さんこの前朝っぱらから豪邸訪問されてましたね
いらっしゃいませー♥
POCKY
フーミンがつとめてるよーなノーパン床屋
ノーパンじゃねーよ ホントにあるのー？
山下久美子さん低い声も出るのね。
フタ開け名人。
フムッ

no.
014

相変わらず〝みんなで集まって飲んでるドラマシリーズ〟で、みんな最終電車に乗ってる、最終電車仲間だったんですよね。ちょうど手塚さんは真田さんと離婚したころで、それとシンクロする感じで、文句をぶちまけてるシーンでは「本音なのでは？」と思え、バーチャル・リアリティ感がありました。

プロデューサー＝武敬子　ディレクター＝清弘誠／横井直行　脚本＝鎌田敏夫
出演＝明石家さんま／赤井英和／佐野史郎

staff

'96年4月11日～6月26日

「炎の消防隊」

(木)
21：00～21：54
テレビ朝日系

炎の消防隊
テレビ朝日系 木・9時～
●アメリカのユニバーサルスタジオに映画『バックドラフト』のアトラクションがあるんだけど、コレがもう前髪チリチリしそーなくらいアヂーーッ。アトラクションでそうなんだから、この消防士役の皆さんタイヘンだと思うなー。火事も熱そーだが演技もアヂーーッ。仲村トオルもアズミキもアヂーーッ・石橋凌の腕立てふせもアヂーーッ。主題歌の長渕もアヂアヂーーッ。水かけたらジューーッ。おムおム水かけるなーーー！ところで署長の中村嘉葎雄さんが石橋さんに「(若手を)育ててみなーム?」っていってたけど、育てるもんなんですねーー。消防士さんて。
消防署に意外と女の人が多くてびっくり。パソコンの画面もすげえっ!! ホントにあんな風にデータ入ってるの!?
ただちに救助にむかってくださいっ
←高樹さん
お前みたいなおぼっちゃん育ちが来るとこじゃねーんだよッ
←ココも→ また『お金がない』
消防をなめるなッ
消火帰りに左とん平さんはタバコすってた。よっぽど煙好き!?

no. 015

仲村トオルも「眠れぬ森」まではみんなの意識から遠くなってた感じがあったけど…。石橋凌をはじめ出演者がみんなすごい熱い人たちで、仲村トオルとアズミキはライバルみたいなんだけど、いつも熱く燃えてるーって感じで、〝おまえらこそ、その火消せーっ〟て思って見てました。

プロデューサー＝黒田徹也ほか　ディレクター＝若松節朗／中嶋豪ほか　脚本＝大久保昌一良／福田靖
出演＝仲村トオル／東幹久／高樹沙耶

staff

'96年4月13日〜7月6日

「透明人間」

(土)

21：00〜21：54

日本テレビ系

透明人間
日本テレビ系
土・夜9時〜
◎慎吾くんの初主演ドラマーー！なのだが透明人間なもんで画面にうつってる時間が少な〜い!! がーーッ
ま、そのかわりおケツとかサービスタイム（サービスなのか？）あるわけですけど。
でも、佐野さんがくれた花粉症の薬と、透明になる薬は、なんであんなにそっくりなんでしょー。やっぱ『沙粧…』のよーに佐野さんが黒幕… なワケないしー。それにいきなりあんなバシバシ飲んじゃって副作用とかないのか!? 厚生省も認可してないぞ（たぶん）。あやうし半蔵！
『君の瞳をタイホする』な石田さん
森本レオでーす
『ロングバケーション』では瀬名くんの教授だし。
きゃっ… 消えてるぅ〜〜〜!?!
君をタイホする！ボクの心をうばったからね。
も〜〜〜っ
こおゆー男のコが主人公のコメディードラマって必ずとなりにエッチな若奥さまか未亡人が住んでるよね——：
有賀さつきですっ
すべてセリフもこの口調

no. 016

このとき、慎吾ちゃんのお尻には保険がかかってたんだよね。そのためか、やたら裸で走ってた気がします。まさに裸人間ドラマ？ 慎吾君は「夢がMORIMORI」で腕相撲のときにTシャツを破いたりしてたけど、これはそのナイスバディ・キャンペーンドラマでしたね。

プロデューサー＝小杉善信／佐藤敦　ディレクター＝吉野洋／猪股隆一ほか　脚本＝伴一彦
出演＝香取慎吾／深津絵里／石田純一

staff

'96年4月15日～6月24日

「イグアナの娘」

(月)

20：00～20：54

テレビ朝日系

イグアナの娘
テレビ朝日 月・8時～

娘リカ(菅野美穂)がイグアナにしか見えない母親(川島なお美)。そもそも自分がイグアナなのにコレって近親憎悪か!? どうして妹の方はイグアナに見えないのかなー。てなワケでテレ朝月8にはめずらしいシリアスなテーマ。いじめ役も川島、榎本・家なき子2コンビに金八から広島美香こと小嶺麗奈と、充実してます。しかしいくら「イグアナだ」って親にいわれても、こんなカワイー顔なんだから、まわりがほっとかないと思うんだけどなー。自信を持て！イグアナッ。ガンバレッ イグアナ!! イグアナファン(誰？)も応援してるぞ！と言いつつイグアナがイグアナというよりもツチノコに見えるカトだった…。

味方の人々ノボルくんと謎の転校生、伸子。

言ってほしい…

まみが夜空に輝く星ならばお姉ちゃんはイグアナ！

泣いてないではっきりしましょう
くすん…

イグアナのくせに自立ですって!?

家でもメイク濃いママ・コワさ満点!!

カッコいーけどな自立するイグアナ…

ノボルはあたしのもの、
あいかーらずガッツだぜ広島美香！

no.
017

これは名作ですよね。ちょうど菅ちゃんがブレイクしつつあるころでした。〝月8のお父さん〟と言えば欠かせない、草刈正雄も出てましたね。佐藤仁美の超然とした転校生役や、小嶺麗奈のいじわる娘ぶりもよかったなぁ。あと気になったのは、「それはイグアナではないのでは？」っていう着ぐるみのイグアナ。このころの菅ちゃんは薄幸な感じでした。いまだったらめっちゃ復讐しそうな感じですけど。

プロデューサー＝東城祐司／塚本連平ほか　ディレクター＝今井和久ほか　脚本＝岡田惠和
出演＝菅野美穂／岡田義徳／小嶺麗奈

staff

'96年4月10日〜6月26日

「竜馬におまかせ!」

(水)

22：00〜22：54

日本テレビ系

竜馬におまかせ！
日本テレビ系 水・10じ〜
◎すごーくなつかしムもの感じるドラマっす！『天下御免』とか『ムー』とか、『見ごろ食べごろ笑ムごろ』みてーなTVが無邪気な頃の楽しさちゅーのに、ぐっときちゃうカトだ!! 特にイノーさんこと伊東四朗さんが出てくるだけで、もうヨロヨロ〜リ◎ 内藤さんの勝ビクトリー海舟がまたイカしてるっス！ムやー勝さんたは会ったことないムけど、ホントこんな人だったたんじゃねーの？と確信。しえー・幕末好きのカトは、出てくるくみんなラブラブだなー。狙ったよーなトホホな展開で来週もオレの腰くだムちゃそくだ!!
にんっ
ラブリー
ムやマジで沖田って梶原善ちゃん顔だと思う！ヒラメに似てたらしーし。
話がほとんど遊廓で進むところが、またヨロシ◎
ねっ飲もーよ 飲もっ
友だちムないの…
西村さん、うさんくさーな清河ぴったんこ！
りょうさーん

no.

018

「すちゃらかTV!2」で、三谷さんに話を聞いたときに、やりたいといってた「天下御免」みたいな時代劇。話はけっこうおもしろかったんだけど、演出がちょっとゆるかったかな。遊女役のとよた真帆さんがカッコイイお姉さんって感じで、内藤さんとの関係もよかった。反町は、すごいカッコよかったよね。いつも外でスパーンスパーンと薪割ってて。毎回の予告が「うわー、まだできとらんねん。台本が」みたいなやつで、カトもドキドキして見てた記憶が…。

プロデューサー＝小杉善信／梅原幹ほか　ディレクター＝細野英延／五木田 亮一　脚本＝三谷幸喜
出演＝浜田雅功／反町隆史／別所哲也

staff

'96年4月18日〜6月27日

「Age'35 恋しくて」

(金)

22：00〜22：54

フジ系

Age.35 恋しくて
フジテレビ系・木・10時〜
ああぁ、シャ乱Qの歌がぐるぐるまわる〜〜〜っ てな、不倫サイコサスペンス！ コレ中井貴一つぁんの気持ちで見ると、むっちゃこわーい。心臓バクバクーー なんか画面も火曜サスペンスちっくで、田中美佐子さん疑う↓シチュー鍋ぐつぐつ↓貴一つぁんドキドキ↓シチュー鍋ぐつぐつ え、いや〜んたちけて状態だーー。もォーー すっぱり別れりゃいいものを、どんどこ泥沼にハマってゆく貴一つぁん。マジヤセたのでは…。
こっちもえらいことなってんでーー!!
ひぃいいいいいっ
父親はこの中にいますっ！
つぼ作りキャペ
つぼ
ところで、貴一つぁんが乗ってくモルー10は『その気になるまで』のさんまちゃんといっしょ!?
シーサイドライーン
朝香、けなげで、キッパリパリ。この爆弾ぶりは赤名リカ…？
生瀬さんベストメガネスト。ジャージストでもある。ステキー♥

no.

019

ええドラマでしたなぁ。その後、シャ乱Qつんくもブレイクしたし。そういえば、タイトルバックにも出てましたね。あと、忘れられないのが、エスカレーターを下りてくる中井貴一に、上がってくる瀬戸朝香がすれ違いざまに「私、子供ができました」とかいって、中井が「エーッ」っていいながら、上下に離れていくシーン。このドラマでは桔平ちゃんがブレイク。それで、いつも桔平ちゃんが何かショックなことがあると、チャチャチャチャーンっていう主題歌が流れて、それが耳から離れなくて。結末も意外だったんですよね。

プロデューサー＝小岩井宏悦　ディレクター＝光野道夫／石坂理江子ほか　脚本＝中園ミホ／浅野妙子ほか
出演＝中井貴一／田中美佐子／瀬戸朝香

staff

'96年4月12日〜7月5日

「君と出逢ってから」

（金）
22：00〜22：54

TBS系

君と出逢ってから
TBS系 金10時〜
※やっぱ本格純愛ドラマは美男美女でないと——と、ナットクなのだっ。ヨダレたりーっと流すのもモッくんだからオッケーだ！こんなジミーな髪型も鶴タマだから、ゆるされるっ！
事故以前と以後のモッくんの変わりっぷりがすごいっス。背中丸くなっちゃうしマユもこまったちゃん、目も小犬のよーにオビオビしてるし。思わずドトールの店長も応援だ!?

モッくんの場合ひきだしあけると、白いハンカチずらーーっでしたが、あたしなんかやですよー、こんな部屋ちらかってて——。もー、記憶そー失になりてーかも……!?

僕って…ナニ？

誠二さんは誠二さん♡

ホントの誠二を知らないくせに…っ
↑主題歌は大浦龍宇一くん。モッくんとはツーカーズ仲間だから？いつもなにげにCM出てる宇一…。

戸川さんファイト!!

やめとけってこんな男…

no.
020

いいドラマでしたよ。いつも本木さんがドトールでコーヒーを飲んでて、そのときの店長役の役者さんをいまだにカトはドトールの店長と呼んでます。ものすごい冷たいエリートと、記憶喪失になったときと、記憶が戻ってからとの、その3変化の本木さんの演技がすごかったんですよね。リハビリのときに、ヨダレ流してる姿もすごかったです〜。

プロデューサー＝塩川和則／伊佐野英樹　ディレクター＝福澤克雄／吉田秋生ほか　脚本＝吉田紀子
出演＝本木雅弘／鶴田真由／寺脇康文

staff

'96年4月12日〜6月28日

「若葉のころ」

(金)

21：00〜21：54

TBS系

若葉のころ
TBS系
金9時〜
◎いやー鼻
まっ赤にしてどなるタクマは
ちょっとホラーでしたね・でも
考えてみれば、すべてタクマ
が悪いんじゃないか!?
お前の女好きが、みんなの
運命狂わせてるんでは!?
この暴れんぼうさんめー・
でも、雪の公園で泉(へ
奥菜恵)と抱きあった
と思ったら、もーベンチで
手にぎりあってる光ちゃん
も、さすがタクマのDNAを
もつ息子! もしや手をにぎ
っただけで妊娠しちゃうのか泉!?
すごいぞタクマのDNA!! 怒り
爆発の剛だってタクマDNAあり…。
魅かれ合い、憎しみ合うのもタクマDNAのせい!?
おまえが死ねばあああッ
なにもハナ血流しながら光ちゃんのこと責めんでも…タクマ
おまえが死ねや おっさん……
そう思わずにいられない…。
無責任でーす
このおやじ(根津)もこのおやじ
?…
泉も泉だ・どっちが好きなんだ!?

no. 021

「王子と乞食」みたいな話で、光ちゃんの王子ぶりが爆発してましたね。KinKiの2人が通う名門高校で、剛くんの後ろの席に窪塚洋介君が座ってたのを知ってました? 光ちゃんが、自分の学校の先生で、父親の愛人でもある北浦共笑とできてたりして、ストーリーは結構ドロドロでした。

プロデューサー＝伊藤一尋　ディレクター＝吉田健ほか　脚本＝小松江里子

出演＝堂本剛／堂本光一／根津甚八

staff

'96年4月15日〜6月24日

「ロング バケーション」

(月)

21：00〜21：54

フジ系

ロングバケーション
フジテレビ系 月・9時
いつも髪をなでつけてる竹野内くんが寝起きでボサボサ頭になるとコレまたキュート♥…
◎南(山口智子)と杉崎(豊原功補)が2ショットででかけるのを目撃・思わずこんな細い柱のカゲにかくれよーとする瀬名くん、けなげ
◎やっぱ拓ちゃんには、かわいそーな役が似合ーう！『あすなろ…』の取手くんといい、この瀬名くんといい「くん」で呼ぶのがしっくりくる役。カトとしては、ここで瀬名くんと南は結ばれず、いつか再会したあかつきには、フォルテシモばあさんと、ピアニシモじいさんとなって、いつまでもほのぼのと花火などしてほしいんですが、どうでしょう。ところで、カメラマンの杉崎、豊原さんってだけでコリャ南とは結ばれないハズと思っちゃうのはドラマの見すぎ!?
こんなおやじなあたしですが…
松・稲後輩ズ
せんぱぁーいファイトー！
先輩(セナ)がんばって下さいっ
おおーい
豊原さんと元ヒップアップのスーちゃん(モデル事務所の人)といえば『妹よ』で唐沢さんの部下。唐沢の部下といえば山口智子の部下も同然!?
31歳でヘソ出しがサマになるのは山口さんくらい!?

no. 022

大ブームになりましたね。瀬名と南が住んでたアパートは名所になって、松たか子もブレイクしました。でも、これ以降、山口さんドラマに出てないんですよね。このとき、木村君はパーマをかけてて、制作発表の会場で初めてそれを見たカトたちは「アンドレ？ アンドレ？」とかいって騒いでました。でも、このドラマに出てた女優さんはみんなスタイルがよくて、この頃から「女はスタイルよ」って感じになってきた気が…。その後の、江角さんとか松嶋さんとか。あと、ヒゲの竹野内がヒゲ部なカトのツボにはまりました。

プロデューサー＝亀山千広／杉尾敦弘　ディレクター＝永山耕三／鈴木雅之ほか　脚本＝北川悦吏子
出演＝木村拓哉／山口智子／竹野内豊

staff

drama 編

'96年4月19日～9月20日

「将太の寿司」

(金)

19：58～20：54

フジ系

将太の寿司
フジテレビ系
金・7時58分～
シャリーーンッ！
毎回見るたび
寿司が食べたくな
っちゃうこのドラマ。なんたって
カッシーこと柏原くんの将太の
イキがムムッス！対決のたびに
ドロドロドローン、ティンパニ
鳴ってるし。だいたい初回
から「小樽寿司握りコン
テスト」って、寿司好きな
のねー、小樽市民。佐治
（杉本哲太）との鯛対決
の時なんか"握りの形""ネタとシャリ
のバランス"なんて表まではりだして
TVチャンピオンか!? 鳳寿司ー。
みんなが将太くんの味方なもんで
最近ちと哲太に同情してるカト。
哲太の寿司もガンバレ！
シャリ
日本一!!
美しい寿司の形
扇形
禁断の小手
返しとか
勉強になるネ
よしよおし
親方↓
ウンチク
長いッスー
う〜〜む
鯛の甘みが高く白身の
淡い香りが適度に
舌をうつ……
ぶっ殺す…！
がんばれえ
将太くんっ
ハーイ
パッチぐー
記念♥
パシャ

no.
023

オザケンが主題歌だったんですよね。ドラマの中で、「こういう形でないとダメです」とか、寿司の解説が絵で出たりして、好きだったなぁ。禁断の小手返しとか。擬音とか、すごい入ってて、マンガちっくでした。でも、最後に、将太が日本一の寿司屋になったかどうか覚えてなくて、ごめんなさいって感じです。

プロデューサー＝森谷雄　ディレクター＝佐藤祐市／西前俊典　脚本＝友澤晃／寺沢大介
出演＝柏原崇／杉本哲太／今田耕司

staff

'96年7月1日〜9月23日

「翼をください!」

(月)

21：00〜21：54

フジ系

翼をください!
フジテレビ系
月・9時〜
◎有紀ちゃんといえば『ひとつ屋根の下』で福山をふりまわすワガママ女優さんをやってましたが、今回の籐子は笑顔を見せない内向的なコ。はたして笑顔のないまま芸能界で成功できるのでしょーか!? やっぱなーマジカルバナナとかやるのつらそーだしなー。・テレホンショッキングに籐子が出たら話つながらなくて、タモさん大汗かいちゃうよなー・佐藤浩市マネージャーもたいへんっス♪ なんか有紀ちゃん、番宣とかでも笑顔なくておじさんさびしーよ。(いつからオレおじさんに!?) 早く笑顔をくださーーーい!!
つーことは籐子はいつか芸能界から消えてしまうのね
いつか君がいなくなるその日まで…

スペシャルダイナマイトパンチおみまいしてやっからさ!

ドラマ中唯一明るい人 反町くん
有紀ちゃんの後頭部丸くてカワイイ♥!!

私を買ってください…

もー有紀ちゃんにこんなこといわれたらおじさんなんぼでも買うたるーー!!

籐子を育ててくれた伯母さんは奈美悦子さん これはひょっとして翼をください!ではなく乳首をくださいい!? おいおい♪

マキクロ久しぶり

no.
024

当時、内田有紀はボーイッシュなイメージだったのに、すごい女の子っぽい役だったから、驚きましたね。「東京ラブストーリー」の坂元裕二が久々に書いた脚本だったんですけど、話がつまんなかったなぁ。出演者みんな、どうしたらいいのっていう感じのドラマでした。

プロデューサー＝塩沢浩二　ディレクター＝中江功／永山耕三ほか　脚本＝坂元裕二／橋部敦子
出演＝内田有紀／反町隆史／佐藤浩市

staff

'96年7月1日～9月9日

「闇のパープル・アイ」

(月)

20：00～20：54

テレビ朝日系

闇のパープル・アイ
月8じ テレビ朝日系
@やるなーヒナちゃん!! 第1回めからシャワーシーン、なんつってもヒョウに変身したあとは服ビリビリスッポンポーン!! イグアナの次はヒョウと、テレ朝月8は野性の王国ワクか!? でも変身のたびに制服やぶってちゃエライこっちゃあー! ミンちゃん（加藤晴彦）も、いつもどーやって全裸の倫子を家まで運んでるんでしょう!? 力持ちですね（そーゆー問題じゃないか）。そしてなんつってもカワイイのはヒョウ! 本物ありCGあり、ロボットありなんだけど、ロボットになると急に毛がマフマフしてまーーす@!!
あなたの中に眠っている獣の血をめざめさせるのよ!!
ケーリンだけでなくヒョウもスキ??
ガウー
変身人間てなんか妖怪人間みたいなひびき
やめてッ私を怒らせないで!!
倫子…
ミョーに濃いフリーライター。黒ヒョウらしい
……

no. 025

これ好き！　黒ヒョウ役の唐渡亮がすごく濃くて、ずっと「黒ヒョウさん」って呼んじゃうくらいに。ヒナが変身するときは、制服が破けて、ちょっとモエーッて感じでしたね。

毎回制服が破けちゃって、どうすんのかな、制服いっぱいいるよな～って心配してました。CGを結構使って、映像的にもがんばってましたね。

プロデューサー＝五十嵐文郎ほか　ディレクター＝辻野正人／中西健二ほか　脚本＝田辺満／武上純希
出演＝雛形あきこ／加藤晴彦／中村あずさ

staff

'96年7月4日〜9月19日

「コーチ」

(木)
22：00〜22：54
フジ系

コーチ
フジテレビ系 木・10時〜
※サバ缶工場に沙粧妙子が来たのか!?と思いました——♪温子さんコエーっす、迫力の低音、三白眼!
「タクシー来ないのッ迎えに来て!!」と台風のカナ九里からムチャなこと言う言う。あれだけ会社から冷たくされたらとっととやめちゃいそうなもんだけど(キャリアあるし)そのガッツはなに!? それにしてもボロボロです、サバ缶工場…。つムつム心配…衛生管理。O157は大丈夫かー!?

五代物産社員にカ上注目の橋爪浩一くんが!

岩井俊二監督のPiCNiCで、首ボキーッ折れてたコなの。

目デカッ。

まあままあー!

サバ
なにサマだと思ってんだッあの女ー!!

私の栄転のために苦労かけるわね(イヤミ)

九十九里までは迎えに行けないなぁ
立ちどまったら負けよ!

↑台風の中で……っ

no.
026

千葉県が舞台だったから、同じ千葉のカトの住む駅でも、サバカレーを売ってました。これって、のちの藤原紀香の「危険な関係」とか、飯島直子の「バスストップ」とかの〝エリート女性左遷もの〟の走りかも。浅野さんがイヤイヤ赴任していくときの演技が本当に怖くて、サイコサスペンスみたいでした。

プロデューサー＝関口静夫　ディレクター＝小椋久雄／河野圭太　脚本＝君塚良一
出演＝浅野温子／玉置浩二／石田純一

staff

'96年7月3日～9月11日

「グッドラック」

(水)
22：00～22：54
日本テレビ系

グッドラック
日本テレビ系 水・10時～

伊丹カントクの『タンポポ』って映画は、女主人のためにラーメン屋を再建する男たちの話だったけど、コレはそのパチンコ屋版!?でもねー
「明日開店して1時間以内に客がひとりも来なかったら、店も土地も手放してもらう」って、そんなカンタンなことでキメちゃっていいの!?

さらに豊原さんって「もし客が来たら手をひきます」って言ってたのに、全然約束ちがうじゃないか、おーーい!!

せっかくだから番組の合間に実戦攻略法とか教えてほしーねー。んで最後は『DAISUKI!』がロケに来るよーなパチンコ屋になって下さい！

『翼をください!』で内田有紀ちゃんハリ倒してた今井雅之さんがここではパチプロに！

いつもコワモテ系ですがJR東海のCMはいい人度100%！

飛鳥球殿はつぶさせないわッ！

鈴子さんファイトー!!

最後まで戦う気ですか？

とてもクールぶっこみの竜
さあはりきっていきましょーーッ
……

豊原さんウソついちゃダメー

no. 027

これで松本明子さんは、原田龍二さんの弟さんと知り合って結婚してしまったのかな？　豊原功補さんが病気の役なんだけど、その血の量が半端じゃなくて、そんなに吐いたら死ぬだろみたいな勢いで吐いてて、シリアスなシーンなのに笑えました。

プロデュサー＝田中芳樹　ディレクター＝雨宮望　脚本＝寺田敏雄
出演＝松本明子／豊原功補／原田龍二

staff

'96年7月13日〜9月14日

「金田一少年の事件簿」

(土)

21：00〜21：54

日本テレビ系

金田一少年の事件簿
@一ちゃんのじっちゃん豊川悦司か…ムーなーって、それちがうって!!あいかーらず出演陣が超ゴーカなこのドラマ。「金田一少年の殺人」の回だって、磨赤児さんにピンクレディー(MIE)にK-1(佐竹)にWAHAHA(梅垣)に、くいしんぼうバンザイ(山下真司)っスよーー!!おまけに、くいしんぼうったら、足跡残さないためにドアからドアへ渡ってたんだよ(泣)。前回よりも一ちゃんと美雪がラブラブっぽいのも楽しみねーん♥
じっちゃんの
名に
かけて!!
↑今回はすげーカット割りだ!!じっちゃんの名にかけて!
がんばれハジメちゃん!!
(日本テレビ系 土・夜9時)
↑ともさかちゃん 時計がSPOONでおしゃれ@
明智警視VS金田一!!
↑この対決も楽しみのひとつ でも原作者ちがうよな
あやしくて↓イカすーー♥
チェックメイトだ金田一くん
↑華麗なポーズにしびれるぜっ 明智警視(池内万作)!! なんか陣内君(©SMAP)のよーでもあるが顔は剛くん(草彅)。

no.
028

このシリーズは〝絶対見ちゃいます〟みたいな安心感がありました。それと、カット割りの細かさがすごかった。「じっちゃんの～」から、「謎は」「す」「べ」「て」「と」「け」「た」って1語ずつ割っていくみたいな。で、その次に容疑者の人を順番に映して。現場に行ったら、その細かいカットを映すために、撮影カメラマンの人が回ってました。

プロデューサー＝小杉善信／櫨山裕子　ディレクター＝堤幸彦／佐藤東弥ほか　脚本＝深沢正樹／田子明弘ほか
出演＝堂本剛／ともさかりえ／古尾谷雅人

staff

'96年8月5日～8月29日

「家族注意報!」

(月～木)

19：40～19：58

NHK総合

一家の母親役の歩（天海）だけど姉ちゃん（斉藤慶子）は出もどってくるわ、家は立ちのき迫られるわ父ちゃん（村井国夫）はリストラされたの黙ってて
さらに若い女とラブラブだわでもーたいへん…
って、けっこーホームドラマの見本!!的でなつかしー感じ。
お父さん家帰ると着物だし、台所でごはんだし、テーブルはしっかりカメラ前あけてるし…。
天海、平成のチータか!?
ドラマ新銀河 家族注意報!
（NHK月～木19時40分～）
負けない…っ
歩すぐ泣くけどそんな泣くよーにゃ見えないなー
突然居合い抜きとかしてるし…
売っちゃおーよ家ー
NHKのセットが小さいのか天海祐希がでかいのか!?
時どき画面から頭キレてます―。
ソファーでねると足はみ出てます――。
歩の男友だち・日比野玲さん、キャスターとかオージービーフとかCM王だよ
パパの恋人中山忍ちゃんなにやらエッチっぽい、
カツヨシくん♥
カツヨシくんこと村井さん、今回はギラギラッではなく、おとなしーお父さんなのだー

no. 029

鳴り物入りで宝塚をやめた天海祐希が、初めてドラマに出た作品ですね。でも、うまく使い切れなかった感が…。天海さんって宝塚で男役をやってるときがいちばんカッコイイんだけど男役やるわけにはいかないし…。時代劇とかは、似合いそうですね。女ねずみ小僧とかやってくれないかなぁ～。

ディレクター＝藤田明二　脚本＝ 西荻弓絵

出演＝ 天海祐希／斉藤慶子／中山忍

staff

'96年7月2日〜9月24日

「ナースのお仕事」

(火)

21：00〜21：54

フジ系

ナースのお仕事
フジテレビ系(火・9時〜)
ざわりとシリアスなドラマが多いこの残暑きびしーおり『ナース…』は肩の力ぬいて見れてうれしーっス。
しかし、点滴スタンドけり倒したり、夜勤中に電話しててナースコール聞き逃して患者重体ってどうよ!? 水島(岡田浩暉)も血を見るたびにぶっ倒れててよく医学部でられたなー!・
美人看護婦ぞろいだから許されるのでしょーか!?
・手術台に乗ってから執刀医って選べるのか!?
オレ水島じゃなきゃ手術うけませんから
諸星くん久しぶりー
京たこ
ボクちゃん血はダメっすー
朝倉ッ!!
いずみがキャバクラにつとめた時の源氏名はカトリーヌ
松下由樹みたいな看護婦いそーな気がする
『輝く季節の中で』の長塚さんだったらいずみはクビ…・
んーカワイイねえ

no. 030

みなさん、当時「ナースのお仕事」が始まったとき、3もやるほど、こんなに続くと思いましたか? その間、朝倉も、ボケ続けてひと筋みたいになって。だけど、シリーズごとに恋人が変わるところは「やるなぁ〜、朝倉」って感じ。もう研修医殺し。でも、スタイルのいい観月が制服を着るというのは、このドラマは、ある意味コスプレものかも?

プロデューサー＝大賀文子／両沢和幸　ディレクター＝岩本仁志／樋口徹ほか　脚本＝江頭美智留
出演＝観月ありさ／松下由樹／諸星和己

staff

'96年7月4日〜9月19日

「真昼の月」

(木)
22：00〜22：54

TBS系

真昼の月
TBS系 木10時〜
◎トキワちゃんはレイプ、織田くんは母親とのかっとう、内藤さんは奥さんの自殺…と、みんな心の傷を持つ、トラウマ(精神的外傷)ドラマか、コレは・白川ママも病気だし…。今はみんな幸せじゃなくてうぐぐぐ…早くスッキリさせて――っと、TVの前でゴロゴロしちゃうね・真昼の月とは「表面には見えない心の中の傷」と、看護婦の飯島さんが言ってたけど「姿は見えない(触れあえない)けれど、ずっとトキワちゃんのことを思っている織田くんの気持ち」でもあるんじゃないかなあ。早く織田くんを信じてその胸にとびこんでくれ、トキワちゃん!! オレらをスッキリさせてよ!!
さ…さわれないし…

マックシェイクが120円ノ♪

←佐藤藍子ちゃんと織田くんって似てるサル耳兄妹!?

またも好きな人とは結ばれないか?飯島さん
←野球のユニフォームが似合うぞ織田くん。

ハンゾウでーし。胴長でーし。でもカワイイ・!

←かなり泣き入ってます今回。織田くんが「きた――ッ」ゆーたらショック死しそーっス。

![no. 031]

no. 031

常盤ちゃんと織田君というすばらしいキャストながら、本当に暗かったですねー。見てても、悲しい気持ちになりました。出てくる人、みんなトラウマがあって、トラウマ・ドラマでしたね。

プロデューサー＝八木康夫　ディレクター＝土井裕泰／加藤浩丈　脚本＝遊川和彦
出演＝織田裕二／常盤貴子／飯島直子

staff

'96年9月6日

「オレゴンから愛'96・ラブレター」

(金)

21：00～22：52

フジ系

オレゴンから愛'96・ラブレター
(9月6日放送・フジテレビ系)

加藤晴彦、中村竜くんの兄弟が父親(古谷一行)に会いにオレゴンへ……。ところが帰りの航空券なくしちゃって牧場で1日2千円のカコクなバイトをするハメに…。きびしい自然に囲まれた生活で、少年はたくましく成長する…ってことなんでしょーが、
猿岩石
にくらべれば！

まだまだ甘いぞ君たち●…しかし女から金借りといて「オレからのボーナスだ」なんて航空券プレゼントしちゃう親父もどうだ！オレゴンの自然の美しさたっていいっつい納得しちゃうんですが……。

オレゴン最高ー！

俺には2人のりっぱな息子がいることに気がついた！

18年間もオレゴン行ったっきりで、連絡もなしで、そりゃねーだろって感じのおやじなのだ♪

今ごろ気づくとは…。

おやじ…。いまさら♪

オレゴンの美しい自然マジックにかかる兄弟

no.

032

これは、オレゴンの自然を見ようっていうドラマですよね。でも、いまさらながら、何でオレゴンだったのかなぁ？　まわりであんまりオレゴンに行った人って聞かないし…。そんなに行くところじゃないところがよかったのかな？

ディレクター＝富永卓二　脚本＝村橋明郎
出演＝古谷一行／加藤晴彦／酒井和歌子

staff

「秋の新番組 カトのいい男さんCHECK!」

秋の新番組
カトの
いい男さんCHECK!
『カンフー少女・聖羅』
（土・9時〜日本テレビ系）
鳥羽 潤→
コミネくん♥
「日本テレビシナリオ登龍門'96」大賞の『チキチキバンバン』で、先生の江角マキコさんが恋しちゃう生徒役だった鳥羽くん。いや〜こんなカワイー生徒がいたら絶対ひいきしますよ、しますとも!! 新番組では鳥羽くんもカンフーやるの!?
『外科医・柊又三郎2』
（木9時〜テレビ朝日系）
渡部 篤郎
GUILT
テロリスト狼朗
カリカリカリカリカリ
↑ミニストップのCMでカリカリしてる
金子賢↓
『義務と演技』（木10時〜TBS系）
『キッズ・リターン』のマサル↓
シンジ役の安藤政信くんもムーねー…
映画『スワロウテイル』の渡部さんはシブかった!! 山口智子さんとコンビ組んでるクールなテロリスト。あんましTV出ないから要チェックや!
北野映画『キッズ・リターン』は、ひさびさグッとくる青春モノでした! とってもアニキな金子くんは、内藤剛志さんの若い頃みたいでカッコいい… ガタイがでかくて、居るだけでフンイキあるよネ。

no. 033

ここでは「あんましTVに出ないから要チェックや」と書いてあるけど、この後、渡部さんはブレイクしましたね。逆に、鳥羽潤君は、どうしてココリコの遠藤に似てきてしまったんでしょう？　金子賢君は、映画「キッズリターン」を見て、兄貴系好きのカトはまったんだけど、その後はどうなんでしょう？　本人は兄貴っぽいのに、ドラマではわりと弟分っぽい役が多いんですよね〜。

'96年10月14日～12月16日

「イタズラなKiss」

(月)

20：00～20：54

テレビ朝日系

イタズラなKiss
テレビ朝日系 月8じ～
※廊下で出会い頭にチュー↓しかも火事で家を焼けだされお世話になったお宅にゃー、そのあこがれのキミが！まさに少女まんがの王道!!ひとつ屋根の下モノってヤツです。柏原くんは、ホントに少女まんがに出てくる男のコぴったし・ぶ（←美形で清潔そうで、鼻息荒くない）
佐藤藍子ちゃんの目と耳もまんが並みのビッグサーイズ！
ところで佐藤さんと青木くんはテレ朝深夜の『HEN』ではホモじゃなかったかい？佐藤さんピンクハウスより学ランのが似合う!!
内藤さんてば火事の家にとびこむ前からカオまっ黒だよ
コトコー!!
うふっ
バカはキライだ…
入江くーん♥
なんでやねーんっ
青木くん月8男!!
クールな入江くん
ガッツなピンクハウスママ（浅田さん）
常に入江くんによりそうチィママ（小沢真珠さん）
かなしーほどピンクハウス系似合わなーい♪

no.
034

もうダメ～♥　これはカトのベスト・オブ・柏原君。本当に君は別マ（「別冊マーガレット」）な男で、たまらんね。これは原作は多田かおるさんなんだけど、くらもちふさこさんとかが描きそうな、きれいなんだけど、冷たいんだか優しいんだかわからないキャラで、たまらんかった。カッシーんちは弟君（柏原収史）もきれいだし、もしカトがカッシーんちのお母さんになったら、どうしよう？　たぶん息苦しくなるかな。一度見たいゾ、柏原家の休日！

プロデューサー＝佐藤涼一／内山聖子ほか　ディレクター＝森田光則／根本実樹ほか
脚本＝楠本ひろみ／森治美　出演＝柏原崇／佐藤藍子／内藤剛志

staff

'96年10月13日〜12月22日

「Dear ウーマン」

(日)
21：00〜21：54
TBS系

Dearウーマン
TBS系
日・夜9時〜
・バスケットボール選手（みょーにウラさびしー社会人リーグ・大会の看板紙に手書きだし）から、女性社員の苦情窓口係になっただヒガシ・かたやアメリカ帰りでセクハラ問題処理のプロ大竹しのぶさん!! コレがもーちぎれると、いきなり野田MAPばりのタンカっす!! 日頃OLが思ってても言えないことぶちかます最終兵器しのぶ！ ちょっとコワいもの見たさで毎回見ちゃいまーすっ
お前とお前はもう帰れ――っ
（→言ってません…）
←板尾さんが出てるのに、課長でも部長でもなーい!
このセクハラおやじ トリ肌がたつわ!!
ふざけんじゃないわよッ
アニキー 大人になれよー
き…響子さん
←ヒガシの弟・長瀬くん
塩もっといでーッ アラ塩岩塩!!
←ここだけ舞台のようー
→野際さんちょっと鳳凰家
夕閒さーん♥
データはおまかせ！
←稲森の恋のから騒ぎに出そーなOL
ヒューヒューパチパチパチ
耳センして カラオケ歌ってた満里奈 よくキーとれるね
ドーン

no. 035

ヒガシの弟が長瀬君で、当時やっとドラマに出てきたくらいのころで、弟役ばっかりしてましたね。「最高の片思い」でも杉本哲太の弟役やってたし。で、板尾が「お前とお前はもう帰れ」とかいってるってことは「ガキつか」で板尾部長とかやっていて、なおかつ、「鳳凰家」って出てくるってことは、野際さんが保奈美ちゃんとウーロン茶のCMやってたころかな？　懐かしいな〜。

プロデューサー＝塩川和則／橋本孝　ディレクター＝吉田秋生／松原浩ほか　脚本＝中園ミホ／林誠人
出演＝東山紀之／大竹しのぶ／長瀬智也

staff

'96年10月10日～12月19日

「義務と演技」

(木)

22：00～22：54

TBS系

義務と演技
TBS系
木10時～
ウイチーーーッ
君は根っからの年上好きか!? 年上の奥さんいて浮気するんだったら、フツー若いコにいきそうなもんなのに奥さんより4年上の浅野ゆう子さんかーー!!
そして金子くんに、ちょっとドキドキの黒木さんは、根っからの年下好き!? (今回はエスカレーターおりながら手首切ったりしないでネ♥)。さらた根っからのエッチ好き(?)の佐野さん、10日にいっぺんだーー!
毎回、浅野さんと佐野さんのベッドシーン演技を見るのが視聴者の義務(!?)なのねー。
大浦龍宇一さんっス
たまには休めっつーの
おつとめおつとめ!
エッチの日を日記につけてる佐野さんと、家計ボにつけてる黒木さん、この2人が結婚すればなんの問題もなし!?
金子くんタカさんにも似てるネ
もォーーー奥さまったらーー
ちなみにエッチの合図はメガネ女はずし肩をもむ
ウイチのつとめてる会社・明和電機!! な魚コードとか作ってんでしょーか!?
いっつも釣り堀に不法(?)侵入
バストアーップ
ANNA SUI

no.

036

浅野さんが照明デザイナーという珍しい職業でしたね。下着姿の浅野さんと、始まりの「…義務と演技なのです」っていうナレーションが怖かった。あと、黒木瞳と大浦龍宇一が夫婦っていうのがすごい謎。大体、黒木瞳が奥さんなら〝それでいいじゃん、大浦龍宇一〟くらいだよね。なのに、浅野さんにまでふらっと来てて、「骨の髄から年上好きめ」って思ってました。すべからく、男性がみんな年下っていうのは、内舘さんの脚本だからでしょうか？ で、大浦龍宇一の勤めてる会社が、明和電気っていう名前で、カトの仲間うちではミュージシャンの明和電機とかぶって、ウケました。

プロデューサー＝桑波田景信ほか　ディレクター＝桑波田景信／福澤克雄ほか
原作＝内舘牧子　脚本＝東多江子　出演＝浅野ゆう子／黒木瞳／佐野史郎

staff

'96年10月15日～12月17日

「ゆずれない夜」

(火)
22：00～22：54
フジ系

ゆずれない夜 [フジ系 火10じ～]
NOVAの鈴木さんが、こんな悪い人だーっ
アイハブアポイントメント!!
私ご主人をいただきに来ました
なにげに中谷彰宏さんが、いつも同じ人たちにいる。
上島竜平ってなんかダチョウ倶楽部みてーな名前
ぼくちんの立場は―!!
☜本年度ムチャ奥さま大賞！は必ずや賀来さんだっ・だって「陸上部のマネージャーしてたから料亭の経営だってできるわ」って、んなムチャなー!! さらに愛人から金借りて料亭作っちゃうなんてまたムチャなー！でも「あなたの将来」を担保に金貸しちゃう工藤さんも本年度ムチャ愛人大賞!! ゴージャスな昼メロのよーなこのドラマ。それにしても神田さんていつも愛人いるよな――・ふ
あたしだって吉祥寺の商店街で値切りたおしたし、人を手玉にとるくらいできるのよッ
それはどーでしょ……
おかみさんガンバレー!!
浜木綿子さんのよーなイナセな演技松岡くん

no. 037

いま振り返ると、賀来さんも工藤さんも神田正輝さんを奪い合いたかったっていうのが、信じらんないなぁ。このドラマでは松岡君が板さんやってて、ここで鍛えた技術が、「ザ！鉄腕！DASH!!」の「流れ板」シリーズに続くんですね。けど、ここで「私、ご主人をいただきに来ました」っていってる工藤さんが、のちに木村君と結婚するとは思ってなかったですね。

プロデューサー＝森田拓治ほか　ディレクター＝佐藤健光ほか　脚本＝金子成人／石井美夏
出演＝賀来千香子／工藤静香／神田正輝

staff

’96年10月19日～12月21日

「聖龍伝説」

(土)

21：00～21：54

日本テレビ系

聖龍伝説
(日テレ系 土・9じ)
味方だと思わせといて、裏切るってのは、家なき子からのお得意パターン!・さらに死者続出、SONNY千葉があっとゆーまに死んじゃったのにはビックリよん。でもこのドラマ、敵キャラが舞台系でゴーカなんスよー!川平慈英さん、上杉祥三さん(↑カマキリ拳だし♪)、ああっこんなところに沢向要士さんまでーー敵キャラウォッチングもまた楽し。ケイン・コスギくんたちの胴着が赤青黄なのもゲームっぽいネ。ラストの大ボスはやっぱ鳥羽くん!?(↑裏切りパターンからいくと)鳥羽くんの悪役も見てみたいー・
さあザンゲの時間だよ!
ぐへへへへへー
どーした案珍!!
ムャー案珍、墓場からよみがえるわ、声はおっさんだわ…。でもこのモグラ拳(?)え、地面にもぐって、なにかいいことあるんでしょーか?もぐってる間に逃げられたらどーするの!?
←いつも親に苦労させられるアダっちゃん
聖大老師ツルちゃん←聖羅にじいさんって呼ばれてるが、そんなに、じいさん?
あたしの100人目のトリコはコレで決まりネ
榎モっちゃんは→家来の2人のことを「助さん 金さんみたいな」と言ってたがそりゃ格さんだろ!
タカビー佐織←彼女の回りには太っちょ多し…

no. 038

いっつも敵役が変でした。○○拳とかいって。それで、みんな爆発したりとか、ダサい負け方してたんですよね。途中ケイン・コスギも出てたんだけど、当時はまだ日本語があまりに不自由で、驚いた覚えがある。あと、安達祐実ちゃんは拳法の修業で綱渡りとかさせられてて、「何だかいつも苦労してるよな」って思いました。

プロデューサー＝佐藤敦／井上健　ディレクター＝細野英延／猪股隆一ほか　脚本＝大石哲也／羽原大介
出演＝安達祐実／鳥羽潤／榎本加奈子

staff

'96年10月14日～12月16日

「おいしい関係」

(月)

21：00～21：54

フジ系

おいしい関係
フジテレビ系
月9じ～
◎だ 鉄の胃袋をもつ女・百恵(中山美穂)である・(最近あんまりバカ食いしてないけど)。原作のマンガファンな私としては、とってもおしゃべりな織田さんにビックリ!! 唐沢さん『美味しんぼ』の山岡士郎状態!? それとなんで高橋薫が宅マシーンとは一っ。
高橋克は巻き毛なの一♪ そんな髪は白いの一♪…って
人間いませんやね・草彅くんのプチラパン第2シェフ、これはもう文句なしのドンピシャリだ!!
それはまた別なお話
パチンコ好き↓
オムライスの場合→
ケチャップは皿の横にそえて刻みパセリを玉子にふりかけ、グリンピースは10コ以上入れないで
←ミックスフライ盛り合わせの場合
刻みキャベツは高く盛ってフライが乗らないように。油のせいでシャリシャリ感がなくなりますから
うるせーな
←マダムとの関係がホントに不倫ぽくてちょっと残念・
マダムもだんなの食事に塩盛るし一!・
千代ばあ 出てこないのかなー
←「いい日旅立ち」は歌えるようになったのか?
織田さんが前に働いてたレストランは『妹よ』で唐沢社長がよく利用するといってたレストラン?
あんちゃんがまちぼーけしてたとこ→
お菓子屋の息子です
↑森本レオさんが語ると、ついここは「ベル・エキプ」のよーな…

このドラマでは、剛君が本当にすごいよかった。対して、許せなかったのが宅麻伸。カトの中には原作の槇村さんの絵がしみついてて、なおかつ槇村さんの中でも特に美形なキャラだったから。

カト的には田辺誠一君にしてほしかった。

no. 039

唐沢君のやった織田シェフは、実は槇村さんは織田裕二を思って描いてたっていうのをインタビューで見たことが…。ドラマに出てくる賄い食はいつも豪華で、〝食いてー〟って思ってました。

プロデューサー＝小林義和　ディレクター＝河毛俊作／中江功　脚本＝野沢尚／橋部敦子
出演＝中山美穂／唐沢寿明／飯島直子

staff

'96年10月11日～12月13日

「ひとり暮らし」

(金)

21：00～21：54

TBS系

ひとり暮らし
TBS系
金・9じ～
美歩(トキワちゃん)って26歳にしては子供っぽい!? 新谷さん(高橋克典)のことがスキなのに怒るわ泣くわ、すぐ帰るわ。恭子(永作)との関係も女子校の昼休み!?と思ってたら永作ちゃーん、マジだったのねーーーん。
「ひとり暮らし」を始めたとたんイッキに恋愛バクハツだ! それより早くテーブル買えよ美歩ちゃん。
ハーイ新谷でーす
と明るいルスTEL
うーらの畑でポチが泣くー(エンドレス)♪
正直じいさんポチが泣くー
なぜこの歌を…!?
しかも歌詞ちがってるし…
美歩ちゃんはポチなんでちゅかー?
「ドウスモニ」(って何?)のママ髙樹沙耶さん客に説教するコワい店
ひとり暮らしの資格はないわ
資格いるのか!? 検定とか免許あるのか?
体育会系後輩・圭勝
和也がドラマに出てカレはうれしー
美歩さん幸せになってくださいっ
美歩♡
下着と枕にはファンデーションついたと思う…。
スリスリ

no.
040

永作マジックがこのころから始まってますよね。後に「週末婚」とかに続く〝永作はとことんやる〟みたいな。「やっぱりやるな！ 永作」と思わせた最初のドラマ。あと、気になったのは、常盤ちゃんの部屋に本当にものがなかったこと。テーブルがなくて、いつも箱の上かなんかでご飯を食ってて驚きました。

プロデューサー＝貴島誠一郎／横井直行　ディレクター＝生野慈朗／加藤浩丈　脚本＝青柳祐美子
出演＝常盤貴子／高橋克典／永作博美

staff

'96年10月11日〜12月13日

「協奏曲」

(金)

21：00〜21：54

TBS系

協奏曲
TBS系 金10じ〜
おじさまたちの夢の女って感じの花ちゃん。あっちフワフワ、こっちフワフワっ「ブ〜ちゃん死んじゃってさーさみしーよーー」と言っちゃフワフワ。りえちゃんのセリフ回しが歌っぽくて、コレまた花!!って感じなのだ。おじさま、若者。フワフワ娘のトライアングルって昔のフランス映画っぽいスね。(ビジュアルのよさも含め…)
ところで余貴美子さんのダンナである野球選手って43歳なのねー!! 43っーたら、あーた落合より年上っスよー! いったいどんな選手!? それをとる球団ってどこ!? 一度キャンプ風景でも…
マリオをやる正和さんの姿にカンドー
コレってけっこーコギャル的思想?
もっとラクして生きたい… ステキな服着ておいしいもの食べて
こんなふうに空を飛んで…
私、いけない女かな?
宮沢さんならいーっス
ハナのすすり具合も正和似
でもキントキ豆はおいしーぞっ
展開のはやいこのドラマ 出世した翔くんはいきなりケータイ、オープンカー・いかにも…

no. 041

宮沢りえのセリフまわしにすごいメロディがあったのが印象的でした。三角関係の話だけど、そんなドロドロすることもなく、ラストでは田村正和さんと木村拓哉君がいっしょに別荘で話してて、めでたしめでたしみたいな印象を受ける不思議なドラマでした。

プロデューサー＝八木康夫／磯山晶　ディレクター＝清弘誠／竹之下寛次　脚本＝池端俊策
出演＝田村正和／木村拓哉／宮沢りえ

staff

'96年10月9日〜12月25日

「続・星の金貨」

(水)

22：00〜22：54

日本テレビ系

続・星の金貨
日本テレビ系 水10じ〜
〝さあーいったい彩の上にはどのお星さまがふりそそぐのでしょーか!? だいたいキミたちねー、ひとの言うこと信じすぎ〟。そんな素直な性格のくせして自分の気持ちには素直じゃなーいッ。このお人よしどもめが!!… ハッつい矢上のよーなヒガミっぽい性格になってるし、オレ。ここまで来ちゃうと秀一と拓巳、どっちと結ばれようと、「それでいいの? 彩?」と問いかけたくなるような…。今回あまりに不幸な拓巳先生にはとりあえず「実は歩けたんだぜ」と吉田A作のように立ちあがってほしー!
あやーッ
秀一さん♥
彩…
いつも美女に援助交際されてる秀一・金運は悪いが女運はいいのか!?
でも彩なのね!
秀一さん…
宝生ちゃんヅラですね?
北原くんも元気になってよかったよかった
彩さん♥
拓巳さん…
彩のまわりにはいつも手話ができて拓巳のことスキな看護婦が…。
たくらむ西村知美こと戸田菜穂
濃いっス矢上さん……
この犬コロめー
コロってのがかわいーね
あんたねー

no.
042

〝続編ができるとはネ〟っていう感じでした。前作では、スネ夫な巧に視聴者はメロメロで、彩に対しても「いいじゃん、巧で」って思っていたところに、大逆転で巧を選んで終わり。なのに、続編では、彩はまた大沢たかおを追ってる感じになってて、驚いた。で、実は大沢たかおと沢村一樹が兄弟で、裕福な家にもらわれた大沢を恨んでいるという設定に、思わず「おいおい、そんなことで恨むなよ」ってツッコミを入れてました。

staff

プロデューサー＝小杉善信／梅原幹　ディレクター＝吉野洋ほか　脚本＝山崎淳也
出演＝酒井法子／大沢たかお／竹野内豊

「'97年１月新番CHECK!」

'97年1月新番CHECK!
こんどの新番はストーカーものが2本!
女編
TBS系木10時
ストーカー・誘う女
女版ストーカーというと『危険な情事』?
ヒナにはぜひヒョウになって、陣内さんをおそってもらいたーい!
ハカマダッチが出てる!!
髪切っちゃったのねー
長髪&ヒゲでダンビな前園のよーだったのに。
男編
男版ストーカーというと『ヒッチャー』?
日テレ系・月10時
ストーカー・逃げきれぬ愛
こちらはカト注目中の渡部篤郎さん。
演技派だけに、とってもコワそう!!
マジにそういう人だと思われそう!
幸せいっぱいの早紀ピンチ!?
フジ系火9時～
踊る大捜査線
踊るのか?織田っち!?
番宣CMの織田くんカッコいーっスね。
刑事の日常ってゆーと『君の瞳をタイホする』とかなつかしー感じ。
ギバちゃんも出てるし…。
「木曜の怪談ファイナル」
タイムキーパーズ
フジ系木7時54分
滝沢秀明くん
←彼が受験にいかないと、平和な未来がなくなるってことは、滝沢くんノビ太?
つーことは未来からやってきたアズミキはドラえもん!?
未来人も歯が命?
ジャニーズ系ではテレ朝月8、V6の三宅くん
日テレ土9は小原くん
要チェックかー!

no. 043

「タイムキーパーズ」は、「木曜の怪談」で注目されたタッキーがブレイクするきっかけになった作品ですね。まだ小さかったけど、かわいかった。あと、このクールはストーカー流行りで、「踊る大捜査線」にもストーカーが出てたし…。

このとき始まった「踊る～」はその後映画もできましたけど、「君の瞳をタイホする!」みたいなトレンディ刑事ものや「太陽にほえろ!」みたいなドラマとも全く違う、群像劇のおもしろさを見せてくれたドラマでした。

「バージンロード」

(月)
21：00～21：54
フジ系

バージンロード
フジテレビ系
月・9時～
◎あのー、オープニングのタイトルロールに出てくるアムロちゃんとコムロちゃんは、なんなんでしょー？ドラマに関係あるの？アレは恋の妖精さんたち!? それはともかく和久井ちゃんもなんで偽装婚約なんてするんでしょう。お父さんだます方が、お父さんに失礼だと思うんだけど…って正直に言っちゃドラマになりませんか？有川出版の寺脇さんもあやしーよな。なんだよ、有川倶楽部って…。略してアリクラ？古尾谷さんもおネエ言葉できよひこさんになっててビックリ！一番ナゾは和久井ちゃんの不倫相手。口元は岩城滉一みたいだったけど…ダレ!?
飛行機の中で和久井ちゃんにゲロはかれてG短パン(?)姿になった反町くん。アレ、ゲロの部分切ったワケじゃないっスよね…
髪型関口宏入ってる
お前あの男にだまされてるんじゃないのか？
いやだまされてんのはあんただって
3話で髪切った
あたしは産むわッ!!
ジャマしたるっ
ねーちゃんガンバレー
ルポライターなのにコクヨの原コー用紙を使う男

no. 044

当時もいまも何のためにタイトルロールに安室ちゃんが出てたんだか不思議だったんですが、これを歌った後、本当に彼女が結婚しちゃって、びっくりびっくりでした。それで、ラストは、「未成年」に続き、またしても〝反町君が実は生きてた〟シリーズでしたね。

プロデューサー＝栗原美和子　ディレクター＝光野道夫／木村達昭　脚本＝龍居由佳里
出演＝和久井映見／反町隆史／宝生舞
staff

'97年1月6日〜3月10日

「ストーカー　逃げきれぬ愛」

(月)
22：00〜22：54
日本テレビ系

ストーカー　逃げきれぬ愛
日本テレビ系・月10時〜
◎ひぃぃぃぃっ、こわいっス渡部篤郎さーん。予想以上の激ヤバ・ストーカー！いやこれはストーカーとゆーより二重人格!?サイコ!?母さんた手紙書いてるけど、母さん死んでるんじゃねーのか!? こんなコワいダンナでRIKACOは平気なのか!?(↑ちがうちがう)。まさに無差別恋愛！これから男の人、彼女にクリスマスローズ贈れなくなったんでは…？
→受けとるとヤバいっ
物思いにふけるとカベに頭をぶつける
笑うとたまにホンジャマカのメグミに似てるよーな…(スイマセン)
君は僕を愛してるんだ
キメつけるなっつーの
クリスマスローズは母さんの好きな花
花言葉「私をなぐさめて」
インターネット通
ペットはネズミ
愛用の万年筆はモンブラン
「君に不倫は似合わない」ときメつけられるし…
助けて幹久!!(いや保阪か!?)
また愛人いるし…
ゴルフ練習場に住みこんでるちょっとあやしーガモンちゃん。早紀のことスキみたいだけど ここに片思いとストーカーのちがいが出る!?
神田マのレッスンプロって似合いすぎ!! 奥さまたちにモテモテって感じ

no. 045

次に出てくる「ストーカー・誘う女」がコントチックなのに対して、これはシリアスで恐怖ものでしたね。渡部篤郎さんの怖さ爆発！　みたいなドラマで、演出もすごい怖かったのを覚えてます。最終回では死んだはずの渡部さんがまた襲いかかってきてて、まるでジェイソン。ラストの高岡早紀を遠くで見つめる渡部さんのショットも怖かった。あと、印象的だったのが神田正輝。レッスンプロの役だったんですけど、ものすごいはまり役でした。

プロデューサー＝山本和夫／堀口良則ほか　ディレクター＝上川伸廣／唐木昭浩　脚本＝野依美幸／尾崎将也
出演＝高岡早紀／渡部篤郎／河相我聞

staff

'97年1月9日〜3月20日

「ストーカー!誘う女」

(木)
22：00〜22：54
TBS系

ストーカー・誘う女
TBS系 木10時〜
机にバラの花が入ってただけでギクウッ パソコンのメールの「つわり」の字を見ただけでドキーンッ お前はビクビク星人か?の陣内さん。その動揺ぶりがあまりに激しくて、もはや『SMAP×SMAP』の陣内くんコントのよう。心理学の教授のネンジさんが白衣着てると、コレまたどーしても板前に見えちゃうのねーん。日テレ版が、渡部さんの激しいツッこみ刑事ストーカーだとしたら、こちらは見てるみなさんツッこんで下さいと、言わんばかりの「一人ごっっ」ストーカー!? やけに明るいヒナのセリフ回しも、見ててクセになりそーっス。
……
番宣番組で、またもや無口!ハカマダッチ 顔は雄弁なのに!!
パパでちゅよー♡
7年目の浮気……演歌か
おいおいー 演歌は3年目の浮気でしょーッ 7年目…は映画だネンちゃんっ
お父さんったら!
陣内さんがスーパー行ってる間に、へや中陣内写真はるのは大変だったろーなヒナ
ビクウッ
ドキャッ
ハアハア

no. 046

当時〝めちゃイケ〟でパロディをやってたほど、コントっぽいドラマでした。ヒナが部屋中に陣内さんの写真をはってて「天井にまで、どうやってはったんだ!」とかツッコミ入れてました。陣内さんの演技の大きさがさらにコント感をあおってたし…。これはこれで、おもしろかったですけどネ。

プロデューサー＝野添和子　ディレクター＝江崎実生ほか　脚本＝石原武龍
出演＝陣内孝則／袴田吉彦／雛形あきこ

staff

'97年1月11日～3月15日

「サイコメトラー EIJI」

(土)

21：00～21：54

日本テレビ系

サイコメトラーEIJI
日本テレビ系 土9じ～
◎いやー映児くんたいへんっスねーー サイコメトるたびに血管浮きまくり全身ケイレン！ なんか早死にしそーで心配だよ。しかもズバリ犯人が見えず、ヒントの断片つーところがまたイライラ・いっそ犯罪捜査より なんでも鑑定団とかする方が、体にいいんでは…？ ところで最初の事件のメビウス。先生、素手でメビウスの輪作ってたけどなぜ指紋ついてなかったの？
とってもこってて グルグルする絵 ちょっと画面酔い……
映画「セブン」みたいね
お兄ちゃん ガンバッテ!!
でっかい安達祐実＋中山忍のよーな松本恵ちゃん
イノッチ＆小原くんは超能力になれてるの？
犯人見ろよ
見えたっ!! 宮尾ススムの顔がっ
バリバリッ
なぜか銃を横にかまえる。犯人もそうしてた、はやりなのか!?
永澤さん しぶいっスー!! カッチョいい!!
だいじょーぶ？
大塚さんは映児にバイト代(?)とか払ってるのかな――

no. 047

ここにも描いてあるように、このころから、映画「セブン」に影響されたのか、みんな銃を横に構えるようになったんですよね。この後続編もあるけど、1はわりとブラックな感じで好きでした。松岡君とイノッチと小原君の3人が出てたタイトルバックもかわいくて、よかったなぁ。

プロデューサー＝小杉善信／櫨山裕子ほか　ディレクター＝堤幸彦／佐藤東弥ほか
脚本＝小原信治／田子昭弘ほか　出演＝松岡昌宏／大塚寧々／井ノ原快彦

staff

'97年1月9日〜3月20日

「彼女たちの結婚」

(木)

22：00〜22：54

フジ系

彼女たちの結婚
フジテレビ系 木10じ〜
◎結婚式で花ムコに逃げられたけど年下の男と♡になりそう…と思ったら、100万使いこまれちゃう松本明子さんって…。オレたちが『ロンバケ』で見たユメ返せーって感じか!?しょせん年増の女に甘い言葉ささやく男はみなサギ師か!?さびしい独身女は通販マニアか!?お見合いパーティーで出会う医者も内藤さんみたいな人だったらいいけど「奇跡をおこす!」とプールにとびこんで、おぼれそうなあたり、ちょっと「ボクは死にまっしぇーん!!」結婚もの花ざかりな今回のドラマ群の中でも、コリャ切実派って感じ。
同棲してもH1回5千円よ
マケてくれないのか稲森
いい年だからそれしかならないんじゃないのかッ!?
いい年して結婚以外何もないのかよッ
ドラマに欠かせないスネオ細川くん
結婚したーい
とは言え……
アンミラのトキワちゃんとコスプレ対決!? マックの京香さん
キリコさーん♡
こんどはいい人沢村さん

no.
048

主題歌がglobeだったんですけど、〝ドラマと合ってるのかしら?〟と思ってたんですよね。京香さんの部屋が通販グッズでいっぱいだったのも印象的でした。だけど、こういう結婚もののドラマを見てていつも思うんですが、〝鈴木京香さんが結婚できないはずないじゃーん〟と思っているのはカトだけでしょうか?

プロデューサー＝森谷雄　ディレクター＝木下高男／西前俊典　脚本＝田渕久美子／川島澄乃ほか
出演＝鈴木京香／松本明子／稲森いずみ

staff

'97年1月17日〜3月21日

「君が人生の時」

(金)
22：00〜22：54
TBS系

君が人生の時
TBS系 金10じ〜
※なにか昼下がりの再放送を見ているような、なにか『岸辺のアルバム』とかみたいなドラマ。静かな新興住宅街、市民オーケストラ、小学生時代のタイムカプセル…と、お前らがタイムカプセルかーい？みたいな、なつかし設定山もり！一見、平和な人々の裏側に援助交際あり。夫の暴力あり。なにがこんなになつかしさを感じさせるのかって、みんな大マジメに自分の意見をのべるところ？すぐ相談や話し合いに持ちこむところ？まじめっていまやなつかしいものか…
セックスってむずかしい？私に教えてください!!
↑24歳にもなって声高にいうなー
元・天才少女ピアニスト
お父さん退職してログハウスやりたいんだ
一行、近所の主婦と不倫？
松島菜々子って松たか子っぽい フジの松たか TBSの松ナナ？
セックスは磁石みたいにひかれあって夢中でするもんだッ！
夢中なんですね政伸…
げっ
カラオケいこーよ
私も期待してたのに…ウソ冗談よ マイケル・ジョーダーン
清水さんそ・そのギャグは…
美しの丘ニュータウンってのもいかにもありそーな…。ウチの近所には二十世紀が丘ってのがあります。トニセン？

no. 049

松嶋菜々子がすごいお嬢様役で、変なセリフをいってました。当時は「みなさんのおかげです」で、ノリさんと隊員とかやってましたよね。このころは松たか子さんとあんまり区別がつかなかったんですけど、でもあとで、松嶋さんは異常にスタイルがいいんだと気がつきました。ドラマ全体としては、まじめで、その当時から考えても、昔のドラマみたいな作品でしたね。

プロデューサー＝飯島敏広　ディレクター＝山田高道／鈴木利正ほか　脚本＝関根俊夫
出演＝高嶋政伸／清水美砂／松嶋菜々子

staff

「恋のバカンス」

(水)
22：00〜22：54
日本テレビ系

恋のバカンス
日本テレビ系
水・10時〜
これだけ女作っといて、けっこー誰にも捨てられない勘九郎（さんま）って、奇跡の人!?
今までのさんまちゃんのドラマだと、いつも一番ロゲンカする相手とくっつくけど、今回は杏樹なのでしょーか?
それにしても、バーだの勘九郎のへやだの、よくみんなして集合しちゃうのねー。集合ズキ。
そりゃヒミツもすぐバレるって!
特にあのバー。いつも酔ってめちゃめちゃ暴れてんのに、よく出入り禁止になりませんね、みなさん。
マスター心広いネ!!
（とても気になるこのマスター…）
ムやくくんっ
そないゆーたら汽車も電車もみな止まる!!
（四角いケーフも丸くなるもあり）
↑気になるフレーズ
えーかげんにせえっちゅーの!
……
センパーイ
マスター
ヒゲそっちゃったのネ
りょうちゃん一見クールそーで一番重いタイプみそう!!
カンケーないけど、フジの「サイボーグ」でりょうと生瀬さんは兄妹だったね

no.050

さんまちゃんのドラマって、いつも同じ役をやってるような気がするんだよねー。女いっぱいVS.さんまみたいな。

staff
プロデューサー＝神蔵克／赤羽根敏男　ディレクター＝水田伸生ほか　脚本＝輿水泰弘
出演＝明石家さんま／鈴木杏樹／生瀬勝久

'97年1月17日～3月21日

「理想の結婚」

(金)

21：00～21：54

TBS系

理想の結婚
TBS系 金9じ
この竹野内くん 育ちのいい大型犬のよう…
ツトムくん♥
トキワちゃんは関西弁の方がやんちゃな感じでカワイーっス。ツトムくんの前・恋人も意外とあっさり引きさがり、やはり敵はボスキャラ野際さん!? 結婚式の最中までモメそーだね!!
玉緒さんの笑い声が04び(?)って、ちょっとシノラー!? くるくる～
うえっ!!
マリちゃん♥
ラストは両家入り乱れての大バトル。ドリフの屋台くずし、もしくは「毎度おさわがせします」テイスト!? それにしても榎本加奈子が野際さんの娘ってちと ムリでは?
家でアイロンかけてたけどアンミラのエプロンって持って帰れるの?・家でコスプレできる!!
キーーッ
母さんやー
マジー?
恵ちゃん
あかんっ

no. 051

常盤ちゃんのアンミラな服がたまりませんでしたね。ＣＭでも胸のあいたドレスでジュリエットをやっていて、〝胸強化月間〟って感じでした。あと、エリートでマザコンで、「僕ちん」みたいな竹野内君がかわいかったですね。カトはまふまふした大型犬が好きなんですが、このときの竹野内君はまさにそういう感じでした。

プロデューサー＝貴島誠一郎　ディレクター＝土井裕泰／福澤克雄ほか　脚本＝青柳祐美子
出演＝常盤貴子／竹野内豊／野際陽子

staff

'97年1月7日〜3月18日

「踊る大捜査線」

(火)
21：00〜21：54
フジ系

踊る大捜査線
フジ系
火9じ〜
いやー私のお気に入りは、おやじギャグかましまくるこのおじさんトリオだね。
このドラマの刑事は主役の織田くん含めどこかトボケた感じでナイス。ひとりいかりや長さんがテレ朝さすらい刑事系。本庁のギバちゃんは、高そーなスーツとコートで風きってるFBI系。でもストーカーだの爆弾イスだの犯人に目をつけられやすい湾岸署。さらに被害者カンケーの水野美紀も出入りしてここは犯人にも被害者にも愛されるケーサツ!? フジテレビとも近いし。(カンケーないって)
さすが署長!!
楽しーねー ファミコンって!
パソコンです署長
都知事と同じ青島です
ケーサツはうらまれてナンボよ
さめたOLって感じのフカっちゃん
絶対上にあがってやる!!
松岡がこんなリッパになって沙粧さんもさぞやお喜びって…ちがーーう!!?
「うたう!大竜宮城」のカメさんですよね
だめだコリャー

no.
052

ドラマ史上に燦然と輝く作品ですね。スリーアミーゴスもよかったし。ここには描いてませんが、これでユースケはブレイクしましたよね。カトは保阪君が犯人の回がすごく好きでした。バーみたいところに追い詰められた彼が、青島に銃を突き付けた瞬間、それまで客のふりしていた警官が一斉に銃を保阪君に向けるのが映画みたいでカッコよかったぁ〜。本広さんの警察オタクぶりが発揮されていて、拳銃を携帯するのに書類が必要とか、そういうところもカッコよかったです。魚住刑事の奥さんがスウエーデン人とか細かい設定もドラマオタクの心をくすぐってました。

プロデューサー＝亀山千広　ディレクター＝本広克行／澤田鎌作　脚本＝君塚良一
出演＝織田裕二／柳葉敏郎／深津絵里

staff

'97年3月25日

「沙粧妙子・帰還の挨拶」

(火)

21：34〜23：54

フジ系

沙粧妙子・帰還の挨拶
（フジテレビ系・3/25〔火〕オンエア）
いやー帰ってきました沙粧さん!!銀のアイシャドーに銀の爪。声の低さも２割増し!?すでに猟奇犯罪より犯人より、沙粧さんの方がこわいっ。だって沙粧さんにかかわると、みんな不幸になってないか？
こんな知性のない行動をする犯罪者私は知らなム
←犯人がキズつくよーなことをズケズケ言うサショーさん→
レベルの低い殺人者…
ひゃっひゃっひゃっ
松岡（おバ）恋人死んじゃうし竹本（克典）恋人浮気してるし（そりゃカンケーねーか）まさに犯罪者を呼びよせる悪の女王!? ところでーSMAPから次々と刺客がはなたれてるけど、SMAP虎の穴？沙粧さんの美意識にかなう犯罪者をめざせ!!
ヘリウム吸って笑うとちょっとドクターマロン？の岡くん
中谷美紀女王もサショーさんにはかなわないし
←レベルの低い殺人者→
百合岡くん・ユリオカ超特Q とゆーお笑いの人いるんですが。
せっかくカラーになったのにみんなまっ黒けーのけー…
さ…沙粧さん？

no. 053

中谷美紀の怖い役柄シリーズ（？）の始まり的な作品ではないでしょうか。浅野温子と中谷美紀の怖さ対決みたいな感じでしたけど、やっぱりまだ浅野さんのほうが怖かったですね。この回から、全国すべての「週刊ザテレビジョン」がオールカラーになって、初めてのカラーなのに、みんな着てるものが真っ黒で、あまりカラーページの意味がなかったんだよなぁ〜。

プロデューサー＝山口雅俊／長尾恵美子　ディレクター＝河毛俊作　脚本＝飯田譲治
出演＝浅野温子／高橋克典／草彅剛

staff

'97年4月15日〜6月24日

「いいひと。」

(火)
22：00〜22：54

フジ系

いいひと。
フジテレビ系
火・夜10時〜
いやーっついに来ました剛くんの時代！
それにしても助けた相手がみな、人事部長の身内だなんて「いいひと」と言うより運のいいひと!? これで入社できるんじゃ、就職氷河期のみなさん激怒か!?
優ニが信念を語るとハレルヤみたいなコーラス流れて、まるでいいひと教の教祖さま。
ラストは出演者みんないいひとになるの？
またこの石像がビルの上に！
私のまわりの人のしあわせが私自身のしあわせです
フッ
「とてもカタギのサラリーマンには見えないヘアスタイルの京本さん
なにコイツ…
あ〜っ
いいカオのひと細川くん
優ニがんばれ！
ひらひら〜
いいおやじイイーさん
いいイグアナ？菅野ちゃん
いい年のヒト？財前さん

no.
054

順番にブレイクしていくSMAPの草彅剛時代が来たって感じでしたね。原作のマンガで、主人公の目が線なんですけど、その目が剛君にぴったりでした。いい人過ぎて、変な人みたいな、その変な人感とか、現実にはこんないい人いないみたいな現実離れした感じも合ってました。演出も変わっていて、剛が駆けていくと、すれ違った人々がクルクル回っちゃったりするのがおもしろかった。

プロデューサー＝大平雄司／稲田秀樹　ディレクター＝星護／村上正典ほか　脚本＝田辺満／中谷まゆみほか
出演＝草彅剛／財前直見／菅野美穂

staff

'97年4月19日〜6月28日

「FIVE」

(土)
21：00〜21：54

日本テレビ系

FIVE
日本テレビ系 土9時〜
この前、香港に行ったら、ともさかりえちゃんがムチャクチャ大人気だった。このドラマも香港でウケそーなお話しかし高校の単位買うのに100万も払うヤツいるか？勉強した方がラクそーな気がするんですが…。さらに日本征服をたくらむ警備会社社長って…。篠井さんも総理にスタミナドリンク作ったり忙しいっスね。いちおーみんな死んだことになってるらしいが、顔は変わってないのでスグつかまりそうなのもどうでしょう。謎が謎をよぶドーレモ。
でも、こんなに早く榎本が死ぬとは…
アマアマんねー
真実は神のみぞ知る……
謙、淀橋。なんでこの5人が脱走するって知ってたの？
今日からお前らの飼い主だ
死亡
詐欺横領
みんなハイテク系の技だけど、変装の名人とかもいてほしー！
サリナホンモノっぽい
窃盗傷害
背信殺人
恐喝.傷害 拉致監禁
窃盗
尊属殺人

no.
055

ともさか、エンクミ、鈴木紗理奈、シノラー、知念里奈、エノカナという顔触れなのに、お話がダークで意外でした。

みんな施設に入ってる団体ニキータ〝ニキーターズ〟みたいな設定で、どんどんみんな死んでいっちゃうんですよね。しかも容赦のない死に方で。で、どんどんファイブじゃなくなっていくみたいな。

staff

プロデューサー＝佐藤敦／北島和之ほか　ディレクター＝猪股隆一ほか　脚本＝野尻靖之
出演＝ともさかりえ／鈴木紗理奈／篠原ともえ

'97年4月14日〜6月23日

「ふたり」

(月)

20：00〜20：54

テレビ朝日系

ふたり
テレビ朝日系・月8時〜
※以前、森公美子さんが語ってた「ユーレイが出る条件」というのを思い出しちゃうドラマ。その条件によればユーレイは知ってる人の所の方が出やすい（知らない人の所に出るのは修行が必要）。そしてその人の思い出の中の姿で現われる。（心の中のイメージを借りて実体化するため）ゆえにこのお姉ちゃんも、実加が最後に見た制服姿で出てくるのかな。こんな仲のいい姉妹でよかったよね。仲悪かったら、たたられたりして。
がんばれ！実加♡
お姉ちゃん……
河村さん、その↓細マユがバンド系 意外に声高し
小嶺麗奈ちゃんは金八、イグアナにつづくイジメ役↓テレ朝月8に欠かせない存在？
一色さんの衣装は制服サエあれば！
のんびり屋の妹をはげます姉。やっぱ「ホメて育てろ」ってことか？ 実加の中に眠ってたもう一人の自分…という感じもする。
←けなげな奥菜
バレッタからよばれてとびでてジャジャジャジャ〜ン！

no. 056

(河村)隆一さまがボクサー役で出ていて、のちの同じ枠でラクリマクリスティのTAKAが出てるし、月8はミュージシャン好きでしたよね。一色紗英が幽霊の役で、その死にざまが映らないんだけど、グシャーみたいにすさまじかったのか印象的でした。でも、お話としては、心温まり系でしたね。

プロデューサー＝志村彰／佐藤涼一　ディレクター＝新毅毅彦／五木田亮一ほか　脚本＝吉田紀子
出演＝一色紗英／奥菜恵／田中好子

staff

'97年4月8日〜6月17日

「総理と呼ばないで」

(火)
21：00〜21：54
フジ系

総理と呼ばないで
(フジテレビ系・火・夜9じ)
※正和さんが総理だったらそれだけで女性支持率かせげそうなんだけど、こんなに人気ないって、いったい何やらかしたんだ総理…。官房政務副長官とか役職名がムズかしくって、みんな胸に名札つけてほしーっス。でも役職きいても何やる人なのかわかんないしなー。ホント政治のことって知らないんだなートホホ。こんな国民にあーだこーだ言われる総理もたいへんだね。ミスしらたき、ドレスカデン、たらい冒険家と、圧倒的にマヌケな語感がナイス。たらい冒険家のエピソードは思わず猿岩石のこと?
総理いいんですかあ?
なんなのこの総理
佐藤藍子ちゃんは↓0041のCMでも総理と共演中
ソーリー
さよなら総理
だから総理と呼ぶなっちゅーの
ぐー!
副総理→キュート
総理お願いします
ところで全体からじゃなく細部から描く肖像画ってのもナゾ
セコいことでダダこねてる憎めない総理
なんで夫人は総理とこんな仲悪いの?
←そーいや保奈美さんも0041ろ…

no.
057

毎回エピソードとかが変だったんですよね。カトが覚えてるのは、田村さんがカニを食っちゃったら、それはどこかの国の親善大使みたいな、食べちゃいけないカニで、田村さんが「カニ食っちゃったよ」っていう話。ほかにも、〝白滝娘〟とか出てきてたし。アメリカには「インデペンデンス・デイ」とか大統領ものがあるけど、そういうのの日本版みたいな内容でしたね。脚本家の三谷さんは「古畑任三郎」のアリキリの石井をはじめ、こんな人がいたのかって発掘するのがうまいですけど、このドラマでは戸田恵子さんがそうでした。

プロデューサー＝関口静夫　ディレクター＝鈴木雅之／河野圭太ほか　脚本＝三谷幸喜
出演＝田村正和／鈴木保奈美／筒井道隆

staff

'97年4月17日～6月26日

「ミセス シンデレラ」

(木)
22：00～22：54
フジ系

ミセスシンデレラ
フジ系
木10時～
いきなり人妻んちに、山ほど赤バラ送りつけちゃうヤツもどーかと思うが「荷物中に入れときましたから」って管理人もナニモノ!? 勝手にへやん中入ってあんなバラならべたんかーいッ!
バラよ
薬師丸さんもあのバラのことどーやって言い訳したんでしょう……。さらに10回ローンで買っちまったドレス捨てちゃうしな。
やたらあやしー会員制レストランやパーティーで社交ダンスしちゃう内野さんもナゾ。コレが主婦のユメなのか!? やっぱダンス?
ナゾといえば内野さん「金田一少年」でヒラヒラブラウス着て銭形ケンシロウやってたよな!
雲の上にいるみたい♡
君がスキだ…
タネなし?
不妊検査ってホントに「コレで精子とってきて下さい」って『巨乳神話』なんてエロ本渡されるのか!?
浮気してるバーナか?
あなた自分をタナにあげて妻をタネなしだっていうの?
江波さんの姑コエーッス! 小姑・髙田もツゲぐち魔
目の下のホクロエステでポロっととれたってホント?
へやのあちこちにブラやパンティー脱ぎちらかしといてなぜ服きてる!? 大石恵

no.
058

薬師丸が久々に出演したドラマで、内野聖陽さんもここらあたりから注目度も上がりましたよね。主婦のドリームかなえますみたいな、主婦ターゲットのドキドキしたストーリーでした。江波さんが鬼姑の役で出ていて、野際さんに続いて、「出た～」って感じでした。

プロデューサー＝小岩井宏悦　ディレクター＝本間欧彦／木村達昭ほか　脚本＝浅野妙子／尾崎将也
出演＝薬師丸ひろ子／内野聖陽／杉本哲太

staff

'97年4月11日～7月4日

「ふぞろいの林檎たちIV」

(金)
22：00～22：54
TBS系

ふぞろいの林檎たちIV
(TBS系・金10時～)
「ふぞろい…」って
けっこー大変な事件がおこってもあまりドロドロしないのは、この小きざみなセリフのせい？ わんこそばのよーにフタができないキョーキョクのリズム。このセリフまわしをきくだけで、「ああふぞろいっスよ!!」というなつかし感あり。貴一つぁんも仲手川くんになるとミョーに若く見えるからフシギ。あいかわらずアセアセしてて独身。初めてファッションヘルス行って泣いちゃった時からかわってない？
ボクトツな長瀬くんもいかにもだまされやすそうでグー。久びさ出てきた真理絵の手紙のよみ方は、イッちゃっててコワかったっスが…。
みんな なーにぃ？
なんだべ？
なにぃ？
なにがってさあ
だから なによ
順吾ちゃん チャーハン作るの今だよ
なにって？
なにがだよ
すぐ全員集合して小きざみに意見をのべあうとこもかわらず

no. 059

"ふぞろい" はどうしても、とりつかれたように見てしまいますね。今回は、みんな悲しくて "ふぅ～" みたいな人生になってました。その中でも、中井貴一さんのお母さんがガンになるのはショックだった。でも、中井さんはドラマの中でもなかなか結婚できない役でしたよね～。

プロデューサー＝大山勝美／北川雅一　ディレクター＝井下靖央／加藤浩丈　脚本＝山田太一
出演＝中井貴一／時任三郎／手塚理美

staff

'97年4月18日〜6月27日

「いちばん大切な人」

(金)
21：00〜21：54
TBS系

いちばん大切なひと
(TBS系・金9じ〜)
幼なじみだからって、紘平いないのにあがりこんでカレーくってるってあり――？ なんか紘平んちだけ下町状態？ フツー幼なじみといえども、2年も会ってなかったら年頃だし、ビミョ〜に関係が変わっちゃいそうだけど、子供みたいに言い合いしたり、2人でプール飛びこんじゃう紘平と美和は、うらやましいぞ。でもこんな毎回、夜に会って(偶然な)けっこういいムードになってるんだからいいかげん自分の気持ちに素直になれ！ 美和も坂元くんに気をもたせないよーに・
慎吾くんいつも眠そう…ってコレは自然ぽい演技？
映画や舞台で金子賢くんをチェーックしてたカトだが、この浪人ルックにはちょっとショーック。
るせーなぁっ
もー紘平ったらー
なんかいかにも最終回までに紘平と別れてしまいそうなカワイそうな衿ちゃん
いいなー美和…
それにしても坂元くん海で服脱いだらやっぱカッコよかったけど
三浪中なのにこんなことしてるバーイか!?

no.
060

それまで〝ドク〟だの〝デク〟だの猟奇殺人犯だのの役をやっていた慎吾君が初めてふつうな人をやったドラマでしたね。観月は慎吾君と背丈がぴったりで、本当に背が高いなと実感。ここにも描いてあるけど、これだけ仲がよかったら、もっと早くにつきあってただろうとツッコミまくりでした。

プロデューサー＝伊佐野英樹　ディレクター＝清弘誠／伊佐野英樹　脚本＝青柳祐美子
出演＝香取慎吾／観月ありさ／金子賢

staff

'97年4月16日～6月25日

「ギフト」

(水)

21：00～21：54

フジ系

ギフト
(フジテレビ系水9時～)

届けることにこだわる由紀夫、前世は飛脚か伝書鳩でしょうか?

いったいなぜ足が運ぶのか? なぜスッ裸でつめこまれてたのか? (↑そりゃ視聴者へのギフト?)記憶はないけどやたら記憶力よかったり、ナゾだらけのギフト。

毎回ヤバいもの届けてるけど みなさんこんなヤバいものは届け屋通さない方がいいんじゃないでしょーか?

しかも「腰越(↑このドラマ名前むずかしーよ)人材派遣センター」ヤバいことやってるわりには社風めっちゃ明るいし……。

ギフトお届け!!

またこの金パツ女神のナゾの映像が……。めちゃめちゃ昔のCM?てな感じなんですけど…

ハダカな木村くんがクルクル回っていた木村くんの花時計のようだった……。

映画マニアよ
すぐ発砲する帆原刑事はいずこへ!?

んーーー
●クセものなんがいっぱい出てるのに毎回ゲストがあるため、あんまり出番なくてさびしい。キヨ渚もっと出てくれー!
思いだした?由紀夫ちゃん
あたた…
どつかれ役の今井さん。いつもどつかれてて カワイそー
女に冷たいけど女あしらいうまし

no. 061

オープニングで、裸のキムタクがクルクル回ってるのも印象的だった。木村君はいつもグッチのスーツでスタイリッシュだったし、スーツで自転車に乗ってるのが新鮮でした。この倍賞さんはないだろうくらいのひどい絵ですが、彼女は飯田さんお得意の〝女はいつも強い〟っていう役でしたね。

室井さんの役は、のちの「アナザヘヴン」にも通じてる感じでした。今井さんがいっつもケガしてて、おもしろかったな。毎回ゲストも豪華だったし…。「いいひと。」とシンクロしてて、それぞれのドラマに木村君と剛君がちらっと出てましたね。

プロデューサー＝山口雅俊　ディレクター＝河毛俊作／中江功ほか　脚本＝飯田譲治／井上由美子
出演＝木村拓哉／室井滋／篠原涼子

staff

'97年4月14日〜6月30日

「ひとつ屋根の下2」

(月)

21：00〜21：54

フジ系

ひとつ屋根の下2
フジ系 月9じ〜
@つーかもう ひとつ屋根に集いすぎて、人物描ききれんわッ!! チィ兄ちゃん帰ってきてもへやないし、最初は、おじさんのキャラクターとかミョーにハジけちゃってドリフのよーに屋根落ちるかと思ったけど実はやっぱり泣かせのひとつ屋根！ 松たか子ちゃんのコスプレも今は昔。みんなもーソーナンするわ エントツのぼるわ涙くんさよな〜らだわ、どうせムちゅーの、あんチャン!? 現時点では小雪死にそーですが、最後は骨ズイ移植？ そこで安達さん登場？ ひとつ屋根、涙の洪水で流れそーッス!!
ごゆぎムムっ
ピカリンです
髪型かわりました
↑ダム決壊
前シリーズで貧血で倒れた時は白血病だとわからなかったの？
ハナ血タラ〜だとコントのオチに見えちゃうオレはバカ!!
さぶごはやっぱみんな走る？
人類みな兄弟？

no. 062

最終回は本当に大変な展開でしたねー。手術中の小雪にみんなが「小雪〜」と呼びかけて、あんちゃんがワーッとなってたから、見てる人は絶対死んだと思ってて、その次のシーンでは、風鈴がチリンとなって、おじさんが「寂しくなるな〜」とかいってたのに…。小雪がいきなりウエディングドレスで観覧車から下りてきて、しかもチィ兄ちゃんとくっつくなんてって感じでした。野島さんは「未成年」に続いて〝実は生きてたシリーズ第2弾〟で、この後これは「聖者の行進」にも続きます。

プロデューサー＝杉尾敦弘　ディレクター＝永山耕三／竹内英樹ほか　脚本＝野島伸司
出演＝江口洋介／福山雅治／酒井法子

staff

'97年7月5日〜9月20日

「D×D」

(土)

21：00〜21：54

日本テレビ系

D×D
日本テレビ系 土9時
◎デンジャラス・エンジェル×デス・ハンター!!
デス・ハンターはわかるがエンジェルちゃんは誰!?

でっかい長瀬と、その1/2(?)岡ジュンは、いいコンビ◎。

それにしても岡田くん子供探偵? 17歳で探偵できるの?・麻生サキ(砂羽)や警部とタメぐちきいててナゾっス。

長瀬くんは「ふぞろい…」のせいで今にもナマりそうな気がしちゃう。

ブラマ〜寺脇は銭形警部か!?
◎あいかーらず映像がこりまくり!! 香港映画テイストもあり、遊園地のお化けやしきみたいで楽しいネ!!
来い、悪霊!!
あんさん?こんな若者があんさん?「悟はん」なんて言ってるし、キミは中村玉緒か?
あんさんに力貸したるわ
フ〜ジコちゃわ〜んな鈴木砂羽さん
いきなり和服になったり(失楽園?)マージャンしてたり、いったいナニやってる人なの!?
山口(霊になったらヤセた)でーす

no. 063

新宿マンハッタンっていう謎のアジアみたいな街がつくられてて、SFな話が本当におもしろくて、すごい好きでした。岡田君はこれが初めてのドラマ出演で、最初見たときは「アラ〜」と思ったんだけど、見る見るよくなってましたね。出てくる悪霊が仮面ライダーの怪人みたいで、そのチープ感がカト的にはまたよしって感じでした。特に最終回は泣けました。

プロデューサー＝井上健　ディレクター＝佐藤東弥／唐木昭浩ほか　脚本＝大石哲也／羽原大介
出演＝長瀬智也／岡田准一／寺脇康文

staff

'97年7月3日〜9月18日

「智子と知子」

(木)

22：00〜22：54

TBS系

智子と知子
木・夜10時〜
TBS系
「かなしくもせつない喜劇なのでござんます〜」と、なぜか大奥バリの岸田今日子さんのナレーション入り。どーせなら本人もドラマに出てきてくれないかか？
毎回、飯島さんの大股びらきがボーーーン！でドスのきいたセリフは、かっての暴れっぷり(!?)がしのばれます。
美佐子さん、せっかくフランス語の通訳なんだから、このさいおフランス人と結婚するのはどーだ？
内藤さんもいきなり小梅と婚約せんでも…あんちゃん怒るよ
お姉ちゃん自分勝手なだけじゃない
あんた今まで人の役にたったことあるの!?
←すぐドデリめしくらう
白川由美、浜崎貴司、田中美佐子、飯島直子ってメンバーだと、どこかに浜ちゃんが出てきそうな気が…
いろんなドラマまじるニャー
↑カシーもうちょい髪切ってほしー

no. 064

田中美佐子さんと飯島直子さんの2人はのちに「アウト」でも共演してますよね。田中さんとカッシーは「ランデヴー」でも恋人役してたけど、田中さんはドラマ上でも年下好きなのか？　と思いました。飯島さんのナイスバディ露出系の役も印象的でした。

プロデューサー＝八木康夫　ディレクター＝福澤克雄／吉田健ほか　脚本＝遊川和彦
出演＝田中美佐子／飯島直子／柏原崇

staff

'97年7月7日〜9月15日

「ガラスの仮面」

(月)
20：00〜20：54

テレビ朝日系

ガラスの仮面
テレビ朝日系
月8時〜
この演出家のセンセーがミョーに原作そっくりですげーっ
ツウごのみねーん
※スターものマネじゃないんだから別に原作そっくりじゃなくてもいーんだがついついくらべちゃう。田辺くんの紫のバラの人はちょっと若い?
マヤ…
おちびちゃん
スペシャルボンバーそっくりさん大賞だッ
月影先生ー!!
野際さん、そのまんま美内すずえ顔!! あなたこそ千の仮面を持つ熟女!
こんなに月影先生がマンガのまんまなんだからいっそバックにベタフラッシュとか花とか飛ばしてくれないかな!? マヤの演技のすごさってーのを、とことん画面的に見せてほしーーッス!!
なんだかひとりだけバレリーナのよーなカッコの亜弓さん
この2人顔かぶってないか?
でも足元はスニーカーなのね?
それにしてもどーして萬福軒あんなにはやってるんですかね

no. 065

月影先生は〝野際さん！　この人しかいないでしょう〟って感じでしたよね。あまりにはまってて、〝本当に実在したんだ、月影先生〟と思うほど。その反面、こんなヅラあったんだとも思ったけど。で、北島マヤはいまやるんだったら、やっぱりこの人でしょっていう感じで安達祐実が熱演してましたよね。紫のバラの人をやってた田辺君は、のちの「フードファイト」とかに通じる暴走が始まった感じでした。オンディーヌの演出家役の人も、誰だか知らないんだけど「ありがとう」っていいたいくらい似てました。

プロデューサー＝内山聖子ほか　ディレクター＝今井和久／西前俊典　脚本＝水橋文美江／野依美幸
出演＝安達祐実／田辺誠一／松本恵

staff

「オトナの男」

(日)
21：00〜21：54
TBS系

オトナの男
TBS系
日・夜9じ〜
※菊池麻衣子もお父ちゃん(段田さん)と見合いしてどーするっ
て、コレはやっぱ大石静さんのギャグなのか?
「オトナの男」と言いつつ、女性陣がパワフルなこのドラマ。特に余貴美子さん、いつもオトナの女って感じなのに今回はめちゃめちゃベタベタしてカワイイ! 一見クール、実はウエット、文字通りズブぬれで西村さんにすがりつくヤバい女。医術で男をひきとめようとするのもスゴい。で、オトナの女なのは松本明子さんつーのも意外。でもどーしても下町のおねえちゃんぽいけどなー。住んでるへやはどびっくりなゴーカさ・ふ
ユウサクーーッ
(♀セクシーなハゲ)
しょうがないわねー男って
まっすぐにーっぶつける!
土下座王
ブロッコリーぎらい
あふたたたた…
セクシーなハゲー
サウナは男の休息所
マザコンゆーなーっ
39才独身男は夜ジムに行くしかないか?
マッサージ好き
天ぷら好き
アブナイひと

no.
066

西村さんがモテモテで、セクシーなハゲの役でしたよね。それで、吹越満さんが、やっとちゃんと印象的な役ででてきたって感じでした。ここにも描いてあるように「ふたりっ子」で父娘役だった段田さんと菊池麻衣子が見合いするシーンは〝エーッ〟って感じで謎でした。

プロデューサー＝橋本孝　ディレクター＝吉田秋生／戸高正啓ほか　脚本＝大石静
出演＝役所広司／松本明子／段田安則

staff

'97年7月3日〜9月18日

「こんな恋のはなし」

(木)
22：00〜22：54
フジ系

こんな恋のはなし
フジ系
木10時〜
◎玉置さんが作業着姿でニッコニコしてると、ついついミは サバ缶工場？と、思っちゃうのだ。それにしてもお金持ちってーと必ず遊園地持ってるのねー（「妹よ」の唐沢社長もそうだった）真田会長なんて八景島シーパラダイスだぜー！ 愛人になりたーいっ でも、ドラマに出てくるハイソな人たちって貧乏人には冷たいっス。「私、カレーラスを聞きにメトロポリタンまで行ってまいりましたの」「彼女はいつもメトロポリタンに行ってるからねえ」「あーらドミンゴとパヴァロッティの時だけよー」そんな自慢せんでも…。菜々子しょんぼり。
会長♡
よッ植木屋!!
会長、なぜいつも背広の中にせんぶりを!?
せんぶり……
真田会長のビルのあのパンツ見えそーなエレベーターは「お金がない！」と、いっしょ…ってことは、ラストは真田会長もお金がない!?
手切れ金なら払うわっ
最近いつも恋がタキの戸田さん

no. 067

気のいい玉置さんが、病気の真田さんのためにわざわざ〝せんぶり〟をもってくるシーンがあって、「そんなので病気治るの？」って謎だったんですよね。あと、ラストで真田広之の1周忌かなんかにみんなが集まるんだけど、庭にお墓があって、「そんなところにお墓作っていいの？」っていうのも謎でした。

プロデューサー＝関口静夫　ディレクター＝小椋久雄／河野圭太ほか　脚本＝深沢正樹／高橋留美
出演＝真田広之／玉置浩二／松嶋菜々子

staff

'97年7月7日～9月22日

「ビーチボーイズ」

(月)
21：00～21：54
フジ系

ビーチボーイズ
フジテレビ系
夜9じ～
◎この夏一番のイイ男カタログ！
まーさーに
反町＆竹野内プロモーションビデオって
感じの「ビーチボーイズ」だ！日本語で言うと
「我れは海の子」か？
反町くんが水泳選手え設定なんてもうコレでもか状態。
競泳用パンツの反ちゃんを、バックからグーッとナメてゆくサービスショットにゃ、思わず
男・川島なお美？
(ムムム意味で)。竹野内くんがアッサリ一流商社やめちゃうのにはビックラこいたけど。でもこの男前たちなら何やっても食ってけそう
つーか、「食わせてあげた～い♡」
希望者殺到だよね――ん◎.
ナツー
男性の方々は広末のセーラー服サービス
↑そこまでスゴムオリンピック候補なら、もっと顔知られてるんでは？
↑どんどん黒くなる稲森
ギターでさとすオーナー

no.
068

いま思えば、「ビーチボーイズ」はいい夏物語でしたね。お転婆な彼女にちょっと振り回される2人のお兄さん、広海と海都っていう構図もよかったし。だけど、初めて竹野内のスーツ姿を見た反町が「カッコよかったよ、スーツ姿」と竹野内にいうシーンとか、逆に民宿のオーナーが死んで人前では明るく振る舞いながらもひとりで泣く反町に竹野内が「俺の前でも涙は見せられないのか」とかいうシーンとかはかなり怪しかったけど。イイ男2人、夏にたっぷり見せてもらいました。

プロデューサー＝亀山千広／高井一郎　ディレクター＝石坂理江子／澤田鎌作ほか　脚本＝岡田惠和
出演＝反町隆史／竹野内豊／広末涼子

staff

'97年7月7日〜9月22日

「失楽園」

(月)

22：00〜22：54

日本テレビ系

失楽園
(月10時・日テレちゃんパーワー)
ムや〜んっ
もう一行ったらー
天然パーマ？
んなこたぁどーでもムムッ。
なんせ失楽園どころかエロエロ
パラダーイス!!アダム一行に
イブなお美って感じ？喪服
でやるッ温泉でやるッ能
見てやるッジュベーでしばるッ
奥さん(十朱幸代)股わって体操してるッ
ばームじゃねーって、すぐみのさんに
電話して！娘までゲッチューする
一行のエロエロパワーおそるべしっ・
大滝キタローからおなくなりまぎわの
おやじまでおとす魔性のなお美とは
まさに史上最強
のエロコンビだ!!
あふーん♥
ムホッ
あたし
凜子さんと、
お父さんへの愛
競いますッ
→なにやってんだ、この
イグアナ母子は…
ああっ
地獄におちるわっ
地獄に…っ
↑エロぢごくなり
野獣のように
犯したんだっ
わーム
目をさませっ
龍宇一!!
変死ではない
恋死
今週の課題
食べてしまいたいっっ!
どーなの
奥さん
なにかっつーと
乳わしづかみっ
エーロ
エーロ

no. 069

絵にものすごい力入ってて、いま見ると「そんなに好きだったんだね、私」って思いました。映画とはまた違うエロエロ度倍増で、こんなにエロエロでいいのって感じでしたよね。それは、もう一行ちゃんが出るって決まった時点で決定したって気もするけど。川島なお美さんとのコンビも濃すぎるって感じなのに、友人役がみのもんたっていうのもまた濃くて、〝俺らを窒息死させる気かい〟って思ってました。こんなことが許されるのも、この2人だからこそなんでしょうけど、失楽園というよりは、2人の○○ショーって感じかなぁ。

プロデューサー＝岡本俊次／近藤晋　ディレクター＝加藤彰／花堂純次　脚本＝中島丈博

出演＝古谷一行／川島なお美／菅野美穂

staff

'97年7月2日～9月17日

「デッサン」

(水)

22：00～22：54

日本テレビ系

デッサン
日本テレビ系
水・夜10時～
☆大沢たかおっち、いつも涙涙ーー「星の金貨」以来泣き顔チャンピオンだね。原田知世ちゃんも元もと悲しそーなカオなのでミョーにさびしんぼなムードのこのドラマ。なぜか画面も、いつも西日あたってるみたいに黄色っぽいし…。ところでたかおっちと知世の出会いのきっかけは青い岩絵の具だったけど、たしか「愛していると言ってくれ」の豊川&トキワもセルリアン・ブルーの絵の具がきっかけだったよね。画家との出会いは青絵の具？赤や黄色じゃダメなのか!? なーぜなーのだー？（←フジテレビCMのピンクのイルカ口調でおよみください）オレ画材屋で何べんも青絵の具買ってるけど、ムーことなんもなべった。
智史さんっ
さびしんぼの中の怒りんぼ長谷川ちゃんの演技ってすげー…
→会社に行く時もおしゃれーなスカーフさん
工藤静香は途中出なくなるから特別出演なの？
ベッシーどうしても悪人似あわない。

no.
070

知世ちゃんの死んだ恋人はほとんどいつも背中しか映らなかったんだけど、実は伊藤英明君だったんですよね。そのときはもちろん知らなかったけど。いつも大沢君が泣いてて、さびしんぼドラマでした。

プロデューサー＝小杉善信／梅原幹ほか　ディレクター＝五木田亮一／古賀倫明ほか　脚本＝山崎淳也
出演＝原田知世／大沢たかお／工藤静香

staff

'97年7月11日～9月19日

「最後の恋」

(金)
22：00～22：54
TBS系

最後の恋
TBS系 金10時～
もう、いたいけなんだなー夏目＆アキって。チューするのなんか見てると、こっちがドギマギしちゃうよなっ。夏目って経験少なそーなんだけど（→失敬？）言うことやること直球で、いや～んこのこのーって感じだ！だいたい最初つきあってもいないのにアキのクツひも結んでくれるんだぜッ。そんな男がオレの回りにいたざんしょか？「けっだらしねーな」とは言われても。プロポーズしたあと、手つないじゃって歩くとこもさわやか高校生カップルみたいでヒューヒュー♪思わず応援したくなる久びさまっとうな恋じゃないっスか。
いい味出してるジジィ！なんかキミ、ゴローちゃんに似てないか？うおい体とか…
フェラーリのってんだぜっ
最初のデートをスッポかさなきゃよかったのにヒメ。どんなシリアスな場面でも、ヒメと呼ばれる……。
ふたりともけなげに待つポチくんタイプ
姉ちゃんガンバレー
雨はジュンの涙
結婚式で号泣するタイプ。寅さんか!?
アキー幸せになるんだぞー
正ちゃんステキー♡いつもおケツにチューリップ咲いてるしー！
正ちゃんったら

no. 071

これは中居君が初の恋愛ドラマで、すごく初々しい感じで、ドキドキ感がありました。だけど、常盤ちゃんが体を売る相手が、モト冬樹っていうのがエロそうでヤでしたネ～。

そして、袴田っちは、北川さんドラマの定番〝見守り役〟。途中で講義のテープと常盤ちゃんが送ったテープが入れ替わっちゃうんだけど、そこに入ってる映画「スワロウテイル」の曲もよかったし、曲の最後に入ってる常盤ちゃんとその弟役の川岡君の声も微笑ましかったですね。

プロデューサー＝貴島誠一郎　ディレクター＝生野慈朗／横井直行ほか　脚本＝北川悦吏子
出演＝中居正広／常盤貴子／細川直美

staff

'97年10月2日（木）22：00〜23：34 フジ系

「艶姿！ナニワの光三郎七変化」

no. 072

光ちゃんの女形役、すごいおもしろくて、すごい似合ってたから、シリーズにしてほしいと思ってたんだけど、1回こっきりでしたね。

西岡徳馬の座長がまたぴったり。光ちゃんって、昔からコントとかでやってるけど、女装姿、すごいきれいだよね。のちに舞台「MASK」でも女装してたから、本人も女装好きなのかも？

ディレクター＝滝川治水　脚本＝田子明弘
出演＝堂本光一／渡辺いっけい／さとう珠緒

staff

'97年10月15日～12月17日

「成田離婚」

(水)
21：00～21：54
フジ系

成田離婚
フジテレビ系
水9じ～
剛くんのパンツ姿はホントーになさけなくて、いっそカッコよかったよ。せっかくイタリアにハネムーンに行って、毎晩同じレストランてのもなーー。夫婦じゃなくて友だち同志でもケンカになりそう。
あたしも無断でいきなり自分のパンツだんなさんに洗われたらいやっス・しかもあんなゴーカなホテルのかたすみでモミ洗い……。
ところでこの2人のプロポーズの場所はレインボーブリッジが見える丘だったけど、今回のフジテレビのドラマはやたらお台場ロケ多し！この2人の足元では木村くんが松たか子の指輪探してんじゃないか？恋はお台場で始まり成田で終わるのか!?
same
セイム……
ふふーん
最近芸風が長谷川初範なアベちゃん
水産課のせい？ドラマの中にやたらとタコ発見!!
あんなにイタリアでムカついてても ちゃんとグッチは買ってる タ子(朝香)
ちょっと あぶなそーな ヤツ(?)がうまい フカツちゃん
てんとー虫とあたしとどっちが大事なのよーーーッ
カワイーてんとー虫

no. 073

剛のダメダメっぷり、情けなさぶりが最高で、おもしろかったですね。でも、新婚旅行でいきなり妻のパンツを洗ってくれる夫とか、レストランで同じものしか注文しないのとかは、カトもイヤだなと思った。けど、最後はハッピーエンドで、結婚式の場面で始まって、同じように結婚式の場面で終わったのが印象的でした。

staff

プロデューサー＝杉尾敦弘　ディレクター＝鈴木雅之／田島大輔　脚本＝吉田紀子
出演＝草彅剛／瀬戸朝香／深津絵里

'97年10月16日〜12月18日

「イヴ」

(木)

22：00〜22：54

フジ系

イヴ
フジテレビ系木10時〜
◎なぜかフジテレビの屋上で酔っぱらう女・葉月！タカビーなお嬢だが、実は捨てられた仔犬をかわいがっている…っておいおーーーい まだ仔犬か!? もう仔犬はよそうや。『イヴ』以降、仔犬禁止。そしてネプチューンのボキャブラネタ・ホストのアキラのようにカッコつけ倒す克典さま（←ムイミで）も見のがせませーん!!
と、思ったら、突然葉月の昔の男役でカシー・相原くんが登場！いやー『ザ・テレビジョン』の人物関係図にものってなかったのに。ゴージャスな配役っスね。バーテン役の風間トオルにもびっくりよーん。…で、PUFFYは何のために出てるの??
いかりゃきんカワイー
沙織おじょーさまっ
フーーッ！
よッ!! この性格ブス…
江戸っ子のよーにべらんめーな唐沢ちゃん
今度ゆっくり会わないか？
唐沢くんの患者の男のコは以前葉月の子供だった子では?
かくれキャラ カシー!!
超クール!!

no. 074

一見いじわるだけど、さびしんぼのお嬢様を葉月が演じてたんだけど、〝本当にいじわるなんじゃないの？〟と勘ぐってしまって、あまり同情感をあおらなかったんですよね。そういえば、あまりストーリーにはかかわってこないけど、ＰＵＦＦＹと山田花子さんが出てました。

staff

プロデューサー＝栗原美和子　ディレクター＝光野道夫／澤田鎌作　脚本＝金子ありさ
出演＝唐沢寿明／葉月里緒菜／高橋克典

'97年10月14日～12月23日

「ナースのお仕事2」

(火)
21：00～21：54
フジ系

ナースのお仕事2
フジテレビ系 火・夜9時～
あいかわらずドジかましまくりで、ラブコメまんがの主人公のよーな朝倉(ありさ)。
さらにこれでまんがのカタキ役って感じの冴子役、伊藤かずえさんいいっスねー!!
さすがかつて大映テレビ系で生涯一悪役を誓った女(ナイナイ)。
二代目野際陽子さま襲名も真近か!? 長塚さんのそこはかとないエッチぶりもナイ～ス♥
ところで井上晴美はなぜ突然飲み屋のママに!?
またやってもーた
沢田先生(長塚さん)とペアペアパジャマなセンパイ(松下由樹)。なぜ結婚かくす?
朝倉ーッ
梨の皮むかないで食べると、ザラザラしないか? 朝倉…
松岡くんの髪型遠くから見るとそのまんま東みたい…と思うのはオレだけ?
マッキー♥
ったくよー
キラ～ン

no. 075

伊藤かずえが怖い先輩で、すごいよかったんですよね。カラオケで「うらみ節」とか歌って。最終回は、松岡君といっしょに暮らそうというところで終わっていたはずなのに、3では「松岡、どこー?」って感じになってましたよね。毎回違う研修医と恋愛してて、朝倉は本当に研修医殺し。松岡君とはいっつも言い合いしてるんだけど、そのコンビネーションはよかったな。

プロデューサー＝大賀文子／両沢和幸　ディレクター＝岩本仁志／武内英樹ほか　脚本＝江頭美智留
出演＝観月ありさ／松下由樹／松岡昌宏

staff

'97年10月15日〜12月17日

「恋の片道切符」

(水)

22：00〜22：54

日本テレビ系

恋の片道切符（日本テレビ系 水・夜10時〜）
ブラジル帰りの鳴海さん、失恋からの立ち直りが早いっス！だって男に全財産持って逃げられたらかなり落ちこみそーなのに、
ソッコー武藤敬司（プロレスラーではなく世良さん）へアターック！さすが江角さんっつーか
元バレーボーラー!? 次から次へとアタックするが豪腕すぎて、レシーブできる男がいないって話？ ガンバレ
モリ・シンイチ（吾郎ちゃん）!! 空を見上げりゃあ〜♪オフクロさんがいるぜ…
往復切符を手にするのはダレ？
モリシンイチったら！
鳴海さーん♡
←鳴海のサンキューゴロー状態
ブラジル帰りっスー!!
忍見えみりちゃんの妹っぷりがいい感じ
お兄ちゃんはも〜〜っ
居酒屋のねーちゃんに説教せずにはいられない高島さん
環さんっ

no.

076

田舎から電話がかかってくると、急になまったりする吾郎ちゃんが、ちょっと情けない役で、かわいかったですね。このドラマで謎だったのは、

不倫相手と別れた高島礼子さんを心配して江角さんと吾郎ちゃんが彼女のマンションの部屋に行ったら、シューシューいう音が中から聞こえてきて、ガス自殺と間違えるところ。実はテープが回ってる音だったんだけど、そんな音、外まで聞こえるかって謎でした。

プロデューサー＝小杉善信／神蔵克　ディレクター＝猪股隆一／大平太ほか
脚本＝清本由紀／いとう斗士八ほか　出演＝江角マキコ／稲垣吾郎／内藤剛志

staff

'97年10月13日〜12月22日

「ラブ ジェネレーション」

(月)

21：00〜21：54

フジ系

ラブジェネレーション
フジテレビ系 月・9じ〜
哲平の「時間だ…オレたちのキスする時間!」ってセリフにみなさんハート撃ちぬかれてますか? もー「ときめきラブジェネ・メモリアル」っーか木村くんと恋愛シミュレーションしてるよーなドラマっす。つっても、ふっー理子みたいな行動できないけどね、あんた寝ないで会社行ってんのかってくらいパワフル。それがラブジェネレーションなのか!? ま、けっこう欠勤したり早退したりしてるもんな。ところで理子のへやにはピンクのイルカがあったり、ふいに「タイガー!ウッズ来日記念だもん」と発言したりやたらフジ宣伝につとめる。理子ちゃんひょっとしてCX担当?
なぜ検事はフロシキ包みもってんでしょー。それはともかく似てないム兄弟だよねー
親どんなカオなの…
あなたの理子ちゃんでーす♥
キティラー 趣味・手品
なぜか「成田離婚」のタコのよーにヒンパンに出現するガラスのリンゴ。ラブホテルにまであったのはなぜ!?
クライアントのキッペーが「裸おどりせい!」とか言ってたが、裸でラーメン食ってんのはあんたじゃっ
純名って笑顔ガオ
そりゃもー お台場は大さわぎ

no. 077

木村君の部屋がすごくインド風で、シバ像かなんか置いてあって、像の胸のところがピカピカだったんです。さわってるから。フジテレビの見学コースにそれが置いてあって、中学生かなんかが触ってたから、カトも触ろうと思ったら、どこかに監視カメラがあったみたいで、「お客様、展示物には触らないでください」って注意されてしまったことが…。でも、木村君はやっぱりラブストーリーが似合いますね〜。

プロデューサー＝小岩井宏悦　ディレクター＝永山耕三／木村達昭ほか　脚本＝浅野妙子／尾崎将也
出演＝木村拓哉／松たか子／内野聖陽

staff

'97年10月18日～12月20日

「ぼくらの勇気 未満都市」

(土)

21：00～21：54

日本テレビ系

ぼくらの勇気 未満都市
日テレ系
土9時～
@未満都市ってのは18歳未満(20歳？)都市ってことなのか？
オトナはみんな死んじゃう
↑幕原型ウィルス。
皮フ接触による感染らしいけど、それなら自衛隊さんマスクはいらないんちゃうん？
そもそも空気感染じゃないなら、都市閉鎖なんかやめて、隊員に宇宙服でも着せて、子供全員病院に移送したまーえ！
いったいいつから日本は秘密国家になったの？海外にも地震って言ってゴマかしてるの？国連や赤十字は介入して来ないの？ぼくらの疑問答え未満都市。結末が早く知りたい!!
リリしいなー舞ちゃん
せめて生きのびてほしかったもんです。
それにしても幕原市って年令サバよめないよな。
オレらまだ死んでへん!!
白竜さんいい人だったんですねー
悪いのは典明か！
イン石はNASAのレーダーにうつらなかったの？
まだ言うか…

no. 078

これも不思議な話でしたね。ドラマにはKinKiのほかに、嵐のマツジュンが出てましたね、犬より小さいマツジュンが。同じ嵐の相葉くんも出てました。大人がいない都市が舞台で、ちょっとかわいい男のコ満載でおもしろかったですね。

プロデューサー＝小杉善信／櫨山裕子　ディレクター＝堤幸彦　脚本＝小原信治／遠藤察男
出演＝堂本光一／堂本剛／宝生舞

staff

'97年10月10日〜12月19日

「青い鳥」

(金)

22：00〜22：54

TBS系

青い鳥
(TBS系 金・10じ〜)
駅長マージック！
こいつはまさに
(ホントは駅員なんだが)豊川さん
切符きるハサミくるくるする
のがイカスぜ！なぜ駅員
なのかと思ったら、逃避行
する時にJRのダイヤ知りつく
してて便利なんスね。すでに
ガケから落ちてしまいましたが
(そーいや昔、豊川さんはガケ
よじのぼって来たもんだが…)夏川結衣
さん、永作ちゃんの女性陣がまたまた
泣かせるぜ。永作ちゃんの破れ
たクツ下にゃホロホロりだ。
これからお話は南へ向かうそう
ですが、詩織、沖縄アクターズ
スクールにでも入るのか？青い
鳥はヤンバルクイナ？
指さし確認！ピッ
殺ーす!!
← シャイニング史郎
●小さい子供とパパママが冬の間だけホテルの管理人になるっつーのもシャイニングだね。
← ホントは帽子あり。
タイトルバックではクサリまきまきの豊川さん。開いた手の中にカギがあるってのは、自分で自分をしばってるってこと？いや、体でなく心をな。
← 今はもーカク刈りなり
モテモテですもの——♡
駅長さんF.C.のみなさん!!
駅長さん♡
駅長さん♡
ヨシモリ♡

no. 079

何でもないシャツを着ててもカッコイイ豊川さん。白い手袋して指さし確認するところを見てると、「私を指さして」って言いたくなるような駅長マジックがありました。前半は夏川さんがすごいよくて、鈴木杏ちゃんも演技派でしたね。夫役の佐野さんが嫉妬でカッとなって、ナタもって夏川さんたちを追っかけてくるシーンがあったけど、のちに「眠れぬ森」（野沢尚脚本）でも夏八木さんもナタもってるシーンが出てきて、脚本家の野沢さんの思わぬナタ好きがここで判明しました。

プロデューサー＝貴島誠一郎　ディレクター＝土井裕泰／竹之下寛次　脚本＝野沢尚

出演＝豊川悦司／夏川結衣／佐野史郎

staff

'97年10月9日〜12月18日

「不機嫌な果実」

(木)

22：00〜22：54

TBS系

不機嫌な果実
TBS系 木10時〜
@凛子(失楽園)の次は麻世子ですか。スッポンポローンの川島なお美さまにくらべると、こちらはあっさりソフトタッチ。つーかベッドシーンになると石田ゆり子さんの緊張感がビリビリ伝わってきて、オレまでキンチョウ…。がんばれゆり子！でも男ころがしたり不倫しそうには見えないけどね。不倫相手の内藤さんもエロ中年にゃ見えないし。この中で唯一フェロモンとばしまくってるのは岡本健一さま。どしゃ降りの雨の中チェロ持って立つのも「ありっ」と思えちゃうもんな。エッチシーンが楽しみっスーー@
翔ぶわっ
またもかけもち働き者の内藤さん
やっぱ脱いでもかくしてます
オレの立場は…
翔んで…
ていっけいさんがダンナだとコメディーみたいな感じ。

no. 080

エッチかなと思ったら、そんなにエッチじゃありませんでしたね。タイトルロールは赤い花びらに石田さんがガーッとヌードっぽい感じだったんだけど。「失楽園」後だったので、どうもエロ度を求めちゃってたのか、そこがちょっと心残りでした。

プロデューサー＝磯山晶　ディレクター＝生野慈朗／片山修ほか　脚本＝中園ミホ／小野沢美暁
出演＝石田ゆり子／岡本健一／内藤剛志

staff

drama 編

「カトは見た!'97年ドラマ映像大賞は!?コレだあ!」

スゲーや
カトは見た!
'97年ドラマ衝撃映像大賞は!?
コレだあ!
『失楽園』最終回
草原を(なぜか)ハダカでお散歩するなお美
with一行.
愛のなお美語録
私毛穴から愛してるって言葉が出るの
前バリって子宮が呼吸できなくなる感じ
いつも子宮で呼吸してるらしい。
韻をふんでるあたり、さすが「お笑いまんが道場」出身.
おしゃべりな毛穴らしい。どこの毛穴なのかは、さだかではない。
私の血も肉も骨もすべて赤ワインでできてるの♥
ドラマではなく御本人のおことば。"たとえ"がいつも人体パーツなところに、カラダをはったなお美の生きざまを感じる…。
ウホッ
← 一行 小さくてゴメン…。
都合のよい位置に霧が…。(ボカシとも言う)
とばしてるぜなお美! ナイスバディでナイストーク!! '98年はいっそのことハダカのままでトーク番組やってくれないか!?
← 同いどし 失楽園というだけでお互いについてコメント出さねばならなくなったなお美&瞳。瞳が出産したあかつきには必ずやなお美のお祝いの言葉がきけるハズ!?
なお美はシングルマザーめざせ!!

no. 081

やっぱり「失楽園」は、エロっぷりがすごかったですよね。赤ワインとともに、なお美ブームになっちゃったし。このころは、芸能ニュースで何があっても、なお美のところに聞きに行ってましたよね。ラストの、あの心中は、〝発見者になるのはイヤだな〟とか、〝娘とかがかわいそうだな〟と思いました。

プロデューサー＝岡本俊次／近藤晋　ディレクター＝加藤彰／花堂純次　脚本＝中島丈博
出演＝古谷一行／川島なお美／菅野美穂

staff

'98新番CHECK!
『DAYS』(月9時〜フジ系)
※大石静さん脚本の月9ちゅーのが楽しみっス! しかし長瀬くんの役名鉄哉…。そのロン毛でテツヤちゅーと…「ボクは死にまっしぇーん」!?
こんどはナマってねーっス?
長瀬くんと金子くんのでっかムツインタワーコンビに期待!
明菜といえばマトビー的場度50%
明菜もコワそうだが永作の逆ギレもコワそー度50%
また肉体労働なのね度35%
また地方出身なのね度35%
また中谷美紀ちゃんと?度30%
『冷たい月』(月10時日テレ系)
日テレの月10はストーカーもの、失楽園とけっこームチャしとります。今回も明菜のムチャっぷりが楽しみー!! …って、ドラマの中でのムチャにしてネ。
許さない許さない許さない…
『聖者の行進』(金10時〜TBS系)
拾ったPHSをきっかけに広末と出会う壱成…ってなんかNTTのCMみたいだが、泣かせてくれそーっス!! 壱成
のりPと壱成はキョーダイじゃなかったか度50%
町田永遠はエイエンじゃなくてトワとよむのネ度50%
とわ

no.
082

長瀬くんとかの若手がだんだん主役で出てきたころでした。「冷たい月」では、永作がブレイクしました。ちょうど、このころは日本テレビが、丸山圭太デザインの帽子をいろんな人にかぶせて番宣してたんですよね。それにしても、日テレって〝なんだろう〟とかのシンボル・マークとか、「日テレ営業中」とか標語を作るのがうまいよな〜。

プロデューサー＝小林義和　ディレクター＝中江功／武内英樹／水田成英　脚本＝大石静
出演＝長瀬智也／中谷美紀／菅野美穂

staff

'98年1月5日

「ナニワ金融道・3」

(月)
21：00〜23：18
フジ系

ナニワ金融道・3
1/5 放映 フジテレビ系
いやーめったに名前書いたりハンコつくもんじゃありませんな！…といつも勉強になる『ナニ金』だ。
オレも「プロに沈める」(ソープに売りとばす)とか日常会話で使えるよーになりました
そ、そりゃないないない。すっかり金貸しがイタについてきた灰原・中居くん。好きな女のコのタイプは毎回借金に苦しんでるコだ。
石田ひかりちゃんも「軽薄企画」なんて名前の会社に入っちゃいかんでしょー！「バー下心」「クラブ水心」にも要注意。
追い込みかけるぞ！
バンクオブエンペラーやでー！
関西のヒカリモノ系ファッションがバリバリイケてるゆう子さん
ミナミの難波銀子や
金 返せ
パパのよーな緒形さん
誠 金
キティラー
灰原くんも一人前になったら桑田さん(小林薫)のよーなド派手なスーツ着るの？
中居くん、浅野さん、宇梶さん藤木さんと「学校へ行こう」メンバーそろって「金とりに行こう」

no. 083

話がおもしろいから、毎回見ちゃうんですよね。浅野ゆう子さんとか、ゲストも豪華だし。原作がマンガだから名前がすごい。銭亀さんとか。あと「風呂に沈める」はソープで働くこととか、このドラマのおかげで業界用語にも詳しくなりました。この後「夜逃げ屋本舗」も当たったけど、不況ドラマはみんなの心をくすぐりますよね。

staff
プロデューサー＝山口雅俊　ディレクター＝河毛俊作　脚本＝君塚良一
出演＝中居正広／小林薫／石田ひかり

'98年1月5日～3月16日

「おそるべしっっ!!!音無可憐さん」

(月)

20：00～20：54

テレビ朝日系

おそるべしっっ!!! 音無可憐さん
(テレビ朝日系 月・8時)
まじにおそるべしっっでしたよ可憐さん!!!「グ・ン・ジィ～お・そ・ム…ぞ♡」ひとことしゃべるのに半日かかりそうなまったりしたタメ。コスプレ?もしくは、ピューロランドの人?と見まごうファッション、まさにキテレツファンシー・ストーカー!!これをできるのはエノモトしかいないでしょう・コレを見ながら仕事してたらいつのまにか仕事場中が「えへ♡」だの「うふ♡」だのになってしまいました…かなりヤバイです…。
1度は見たい 可憐VS計算マコちゃん
くゎわムーっ かわムー♡
なんなの!? あんたたちっ
くねくね
月8→カタキ役には欠かせない小嶺ちゃん
えへ♡
←可憐語 小首かしげてゆっくりタメるのがコツ。この他に「う♥ふっ」「うにゃあ」などあり
なんのかんの言ってファンシー好きらしい軍司(岡田くん)→
おムおム
針金のよーに細いエノモトの足…。
タイツしわよってます→

no. 084

天使みたいな衣装とか、デコレーションケーキみたいな格好とか、本当にコスプレ・ドラマでした。もうエノカナにしかできない格好で、エノカナは根性ある。本当にエラい。〝月8〟には欠かせない、岡田君と小嶺ちゃんも出てましたね。

プロデューサー＝東城祐司／黒田徹也　ディレクター＝今井和久／塚本連平　脚本＝岡田恵和
出演＝榎本加奈子／岡田義徳／小嶺麗奈

staff

'98年1月9日〜3月27日

「略奪愛・アブない女はストーカー・誘う女!?」

(金)

21：00〜21：54

TBS系

略奪愛・アブない女はストーカー・誘う女!?
(TBS系金・9時)
@これはデジャヴ?・と、思うくらいおんなじっス!! アブない女は誘う女? 住んでる場所もいっしょなら飼ってる犬もいっしょだし、勤め先も同じく天王州! 稔侍とハカマダっちはレギュラーか!? そんな中で今回注目なのは『サマーテラス・テンノーズ』!! あの、鈴とアニキが一夜を共にした小屋ざんす! ホントに都合よくあんなところに、夏でもないのにサマーテラス!? しかもサマーなのに石油ストーブ完備・今後サリナにヒナの「パパでちゅよー」につづく爆弾セリフを期待しつつ、こーなると第3弾は光浦だったりする? キャツ的に!?
アーニキ♡
スズちゃんッ
なにやってんのあんたたちっ
こんちくしょうめいッ
↑つくづくヤバい女好き?のハカマダっち
どーしても精神科医にみえな――いっ
↑今回は奪う女奪われる女両方のおとーちゃん稔侍

no.
085

雛形の「ストーカー・誘う女」の後を狙って、失敗しちゃったんですよね。小林稔侍さんとか、稲森さんとか余貴美子さんとか出てて、豪華共演陣だったんですけど。雛形はもともと暗い雰囲気があるんだけど、紗里奈は明るいから、そこに無理があったのかも。紗里奈と赤井さんが嵐の夜に「サマーテラス・テンノーズ」で一夜をともにしてしまう設定には、いくら嵐でも東京なんだから、タクシーで帰れるだろうってツッコミ入れてしまいました。

プロデューサー＝野添和子／大西明子　ディレクター＝江崎実生／小島穹ほか　脚本＝石原武龍
出演＝赤井英和／稲森いずみ／袴田吉彦

staff

'98年1月7日〜3月18日

「ニュースの女」

(水)
21：00〜21：54
フジ系

ニュースの女
(フジテレビ系 水・9時〜)
◎ミダンナは突然死んじゃうわ、エレベーターにとじこめられて本番直前すべりこむわで、自分がいちばんニュースな環さん。
何かフッきれたよーな(?)保奈美さんのヤな女ぶり演技がハマッてるね。能面のよーな顔もキャスター向き？
でもキャスターってあんなに権力あるのかなー。
お天気お姉さんの藤原ちゃんが、後釜狙ってるけど、それってお天気予報士の森田さんがキャスター狙ってるようなモン？そんなのってあり？
麻生環です
決して仲よしじゃない人々がひとつの目的のためにはからずも団結する…てな三谷作品的な要素もあり
フッ…
国際政治学者の西村さん、死んじゃったけどとても二枚目って笑えた。モデルはマスゾエ⁉
ムカー ハッパー
なんだかなー
フンッ
クールなタッキー◎ミ クールは美少年ぶりがきわだつね

Pコートのタッキーが、お坊ちゃま風で、かわいかった。少年のぶっきらぼう具合がよくて。年上のお姉様のハートを射貫き始めたころですね。保奈美さんのイヤな女っぷりもはまってました。あと、長塚さんが料理上手で、いっつもうまそうだなと思ってました。

no. 086

保奈美さんがニュースキャスターを降板させられたとき、あとがまになった天気予報のお姉さんは藤原紀香さんでした。「ストレートニュース」もそうだけど、なぜか必ずあとがまは天気予報のお姉さんが抜擢されるんですよね。

プロデューサー＝岩田祐二　ディレクター＝小椋久雄／高丸雅隆　脚本＝田渕久美子
出演＝鈴木保奈美／滝沢秀明／藤原紀香

staff

'98年1月12日～3月23日

「DAYS」

(月)

21：00～21：54

フジ系

DAYS
(フジテレビ系 月9時～)
金子くんはなんで長瀬くんのこと「お兄ちゃん」って呼ぶの？センパイだから？どっちかっつーと金子くんのがアニキな感じするんですけど。そしてまたしても勤労青年・長瀬くん。たまには『鉄腕DASH』で見せるようなガハハ笑いしてほしーっス！ BGMはオールディーズガンガン流れてアメリカーンな感じだけど(←ちとうるさい)、みんなとってもマジメになやんでて「若い根っこの会」(←古い)のよーだ。定食屋の橋爪さんも必ず毎回人生語ってくれるし…。ところで「おっぱい」(ってアダ名もスゴいが)は『邦子にタッチ！』でダイエットに挑戦してたコだよね
ねっおにいちゃんっ
あまりにでかい2人に囲まれて小動物な小橋くん
ラブラブ♥
こんな小さくないが…
ちょっと今回にぎやかすぎ？な金子っち

no. 087

長瀬君は「白線流し」「ふぞろいの林檎たち」に続いて、勤労青年の役。ただ、金子君が長瀬君の弟分っていうのが納得できなかったなぁ。映画「キッズ・リターン」で、金子君は兄貴系だったから、どう見ても長瀬君の兄貴に見える。中谷美紀と菅野美穂が並び立ってるのはいま思うと怖い。ホラー映画ができそうですよね。映画「リング」VS.映画「催眠」みたいな。

staff

プロデューサー＝小林義和　ディレクター＝中江功／武内英樹／水田成英　脚本＝大石静
出演＝長瀬智也／中谷美紀／菅野美穂

'98年1月12日〜3月16日

「冷たい月」

(月)
22：00〜22：54
日本テレビ系

もー明菜さんてば
まーさーにー
大魔神状態!
聖母と夜叉ふたつの顔
を持つ女!なんたって
永作んちの隣りのおばちゃん
ちの仏壇にゃカラスしこむ
わ、お茶やケーキにゃスイ
ミン薬しこむわ、赤ちゃん
のミルクにゃお骨しこむわ
ひい〜〜〜 そりゃマト
ビー(的場)もふるえるって!!
伊原さんだって、あーた明菜の
妄想の中じゃ回転ノコギリ人体
切断っスよーー なんかこの、やさしい
ダンナ様とかわいい赤ちゃん=幸せな家
庭をノドから手が出そうにみつめる表情
がミョ〜にリアリティあって背スジ凍るね!!
冷たい月
(日テレ系 月・10時)
一瞬にして表情が
変化する。声まで
変わってコワ…
タイトルバックが
これまたみんな
死体みてーでホラー
入ってまーす。きら
きらひかるで検死
されそう…。
思いしらせてやるっ
サビの低音うなりボイス
あらごめんなさい…
歌い出しのささやきボイスって感じ
ピクピク
永作ちゃん家のカーテン閉めた方がいいよ…
赤ちゃん頭ハゲてませんか?

no.
088

ショック・ホラーみたいで、すごい怖かった。中森さんはほかの人と話してるときのささやき声と独白のときの凄みのある声の変わりっぷりがすごくて、はまり役過ぎて怖かったです。対する永作は「ひとり暮らし」に続くドラマで、〝なかなかやるぜ〟っていう雰囲気を醸し出してました。

プロデューサー＝山本和夫／堀口良則　ディレクター＝唐木昭浩／田中壽一　脚本＝瀧川晃代／尾崎将也
出演＝中森明菜／永作博美／的場浩司

staff

'98年1月13日～3月17日

「きらきらひかる」

(火)
21：00～21：54
フジ系

きらきらひかる
フジテレビ系
火9じ～

ふつーだったら京香さんの役が男で、フカッちゃんがあこがれて反発してラーブになりそう。京香さんの役が女ってところが海外ミステリーっぽい。

『雪の多かったこの冬の東京。ってワケですべてのドラマで雪降ってるんだけど、一番すごかったのが『きらきらひかる』！なんせ、吹雪の中、もたいまさこさん川に飛びこんでるんだよ。マジ検死が必要って感じだったさ。えらいぞ、もたいさーん。

監察医が主役だけに、事件の解決までしちゃうワケだが、実際終わった事件とかでそこまでやってくれるのかなー？ゲストが東幹久、加勢大周ときたので、吉田栄ちゃんにも出てほしーなり。

なんで女ばかりなの？

なんで…なんでドラマの中のビールもモルツなの？

なんで私たち毎週イタメシ食ってんの？

なんで座る位置も毎週いっしょなの？

Ma

no. 089

鈴木京香さん、松雪さん、小林聡美、深津ちゃんと、すごいうまい人ばっかりで、おもしろかった。だから、ギバのことを松雪さんが好きなのが許せなかったです。でも、このドラマで検死についてはすごく勉強になりました。〝屍蝋〟とかね。

プロデューサー＝山口雅俊　ディレクター＝河毛俊作／石坂理江子／桜庭信一　脚本＝井上由美子
出演＝深津絵里／柳葉敏郎／鈴木京香／松雪泰子

staff

'98年1月15日〜3月26日

「スウィート シーズン」

(木)

22：00〜22：54

TBS系

スウィートシーズン
TBS系
木10時
木曜10時は この『スウィートシーズン』と『甘い結婚』の甘あま対決！ってもどこがスウィートなんだかわかんねーほど大モメですな。だいたい家で菜々子さんとキッペーの不倫はお父さんからお母さんからおばーちゃんから妹にまで不倫のこと語られちゃうってキッツいなー♪もうバレバレやーん♪こうなったらお母さんもおばあちゃんも妹も不倫しちゃえーー え、そうじゃないの？やっぱ市毛さんのよーに耐えて待たないと男逃げちゃう？ハカマダっちはいつもどこでも耐えてるけどな…。
ハカマダっちがキッペーにプロポーズしたのかと思いました。
結婚してくれるんですね!?
ハカマダっちのハーレーは自前？
どーせオレは見守り愛
自分の不倫はさておき…
父さんゆるさんぞッ
モモタロ〜〜ッ
ざむらい？
ときどきうつる工業地帯が突然ドキュメンタリータッチでスウィートじゃない！爆発してーだよ

no.
090

不倫ものなんだけど、家族もちゃんと描かれてて、ホームドラマに近いノリがありました。で、不倫する松嶋のお父さんに実は隠し子がいて、それが実はイノッチで、2人でおでん屋でお酒を飲んでたんですよね。いつもなにげに出てくるイノッチ。あと、なぜかよく出てくる工場は、のちに「クイズ」の舞台になってるところじゃないかと思うんだけど…。

プロデューサー＝貴島誠一郎　ディレクター＝福澤克雄／片山修／三城真一　脚本＝青柳祐美子
出演＝松嶋菜々子／椎名桔平／とよた真帆

staff

'98年3月7日

「名探偵・明智小五郎　江戸川乱歩の陰獣」

(土)

21：00～22：51

テレビ朝日系

名探偵・明智小五郎
江戸川乱歩の陰獣
(テレビ朝日系
土曜ワイド劇場)
@失楽園なんてナニさ!!
って感じのアッパレな下着姿
の秋吉さん
ムチでもヒモ
でもドンと
こーーいっ!!
先生
私をしばって…
サンキュー!♥
サンキュー
ゴローな髪型
フムに登場! 稲垣小ゴローちゃん
だっ。なにかゴローちゃんが「奥さん
……」とか言うとミョーにエッチ
くさい。屋根ウラを散歩したり
ムチふるうのもアリって感じだ
けど、どこかに「Gショック」のよーな
オチがくるっと思っちゃ
うのはズマの見すぎか…
1t
好きな人ができると →
絵を描き、バイオリンをひく
ナゾの小ゴローちゃん.
しかしフェンシング
姿は後ろ
体重なので
マスクをしてて
もすぐわかる
なり……
ところで
大道芸人の
キャストの中に
いたサボテン
公爵って人
もナゾ

no.
091

吾郎ちゃんがバイオリンを弾いたり、絵を描いたりと、役作りしてましたねぇ。吾郎ちゃんのあやしさ爆発。本当に、彼は男の中の〝不思議ちゃん〟ですね。

プロデューサー＝佐々木孟／高橋浩太郎／三輪祐見子　ディレクター＝佐藤嗣麻子　脚本＝長坂秀佳
出演＝稲垣吾郎／秋吉久美子／吉行和子

staff

'98年1月9日～3月27日

「聖者の行進」

（金）

22：00～22：54

TBS系

聖者の行進
TBS系 金10時
◎刃物・転落（階段から）、いじめ（ボールをぶつけること含む）、失明、レイプ、妊娠、たぶん放火もあるでショ…と、不幸の野島ワールド全開なこの作品。純粋な心を持つことと、生きてゆくことの矛盾というテーマは『高校教師』の頃から一貫してるわけで、同じテーマで何度も書けていいなー野島さん。悪い人はもうサーカスの団長くらい悪い。（…って映画『家なき子』で斉藤洋ちゃんがやってたけど）なんか、いい人も悪い人もおとぎ話の登場人物みたいだよね…
みんな生きてるでショ！
ミャーゴ！
みんな茶パツだけどどこでそめてるの？
国にいっちゃったよ
←ビーも制服が『若葉のころ』と同じ？使い回し？TBS
ありすのパパは『ナオミ』のパパだよね
ポピーーッ♪

no.
092

ここに「たぶん放火もあるでショ…」って描いてあるけど、ラストは本当に放火がありましたね。広末は永遠をかばって、踏み切りでひかれて死ぬんですけど、「世紀末の詩」では純名里沙が三上博史を踏み切りに置き去りにしてたし、野島さんの踏み切り好き？ が出てますよね。火にまかれて死んだと思ってた永遠がまたしても〝実は生きてた〟シリーズで、このドラマは野島さんの集大成？

プロデューサー＝伊藤一尋　ディレクター＝吉田健／松原浩／那須田淳　脚本＝野島伸司
出演＝いしだ壱成／酒井法子／広末涼子

staff

「春の新番ここに期待!」

春の新番ここに期待!
なお美に赤ワインを輸血してほし〜〜い!!
『それなみ』
日テレ系
月・10時〜
ドラマの中で子宮摘出
するそうですが「私に
輸血するならカベルネ・
ソーヴィニヨンにして♥」と
言ってたなお美。ぜひっ
その望みをかなえて
やってくれ日テレちゃん!!
こんどは不感症よ♥
(それもコワイ)
中居君のボーズ頭が見た〜い!!
『ブラザーズ』
フジテレビ系
月・9時〜
中居くんボーズ似合うと思うんだけどな——◎
今の『聖者の行進』頭(?)よりはいいハズ!
一休さん?
←プチ・織田裕二顔の今井翼くんもぜひっ!!
今回の注目キャラ◎
ミッチー王子初ドラマ!!
(『WITH LOVE』)
ミッチーはドラマの中でもお金持ちなの!?
←山本陽子さんのオニ姑ってのも意外な感じで楽しみだッ
『凄絶!嫁姑戦争 羅刹の家』
←すげータイトル

no. 093

川島なお美が「失楽園」に続いて主演したんだけど、はずしちゃいましたね。「ブラザーズ」は月9がちょうど恋愛ものをやめようとしていたときでしたね。「WITH LOVE」はミッチーの初ドラマ。この後、ドラマにいっぱい出てますね。

'98年3月25日

「織田信長」

(水)

21：00～22：54

TBS系

織田信長
3/25放映 TBS系
弟・信行(ミッチーはいつもミッチー)との葛藤を中心とした木村くんの若き信長物語。父親の葬式で焼香台投げつけるとか、道三に直接濃姫をもらいうけに行く…フーご存知名場面はあえてハズしたのかな？「青年の悩める青春像」という感じで、現代ドラマっぽかった。若い役者さんは、みんな顔が今風。日本人の顔も変わったんだなあ。
マゲのヒモは着物と同じ赤でコーディネート
木村流信長
髪は自毛かすかに茶髪入ってる
サッカー中田ばりの不精ヒゲ。でも木村くんちょっとヒゲまばら？
ツメをかむクセあり。ホントはさびしんぼうさん
笑顔はおっきな前歯が見えてとてもムジャキ
ここらへんつっぱり魂あり
きっちりマゲを結った時前髪の部分がもりあがっていてリーゼント状態に！ヒゲもあるし、昔コントでやってたヤンキー部長のよう(…って誰も覚えちゃいませんか)
若ってゆーなーッ
カウボーイなので馬に乗るのは得意。うしろむきにも乗れる

no. 094

木村君は剣道やってたせいか、刀をもってもちゃんとしてて、時代劇もできるんですよね。突然、現代に来ちゃった役なんだけど、いきなり蛇口をひねってて、よくそれがわかったなとちょっと疑問。だけど、木村君の時代劇はいい。いずれ大河で主演してくれるかな。そしたら、みんな見ると思うんだけど。

プロデューサー＝生野慈朗／植田博樹　ディレクター＝生野慈朗　脚本＝井上由美子
出演＝木村拓哉／筒井道隆／中谷美紀

staff

'98年4月12日〜6月21日

「カミさんなんかこわくない」

(日)
21：00〜21：54
TBS系

カミさんなんかこわくない
TBS系日夜9時
◎なぬーーー!? パパ（正和さん）となっちゃん（KYON²）がラブラブ!?
と、思ったら毎回ゲスト美女登場で、正和さんとラブラブなワケねー。

宮沢りえなら『協奏曲』、浅野温子なら『パパはニュースキャスター』再びか!?

どーせなら松たか子で『正和ラブ・ジェネ』、山口智子で『正和ロン・バケ』とかやってほしーっス。いっそ毎回美女に殺人事件起こしてもらって、正和さんが解決するのは!?…ってそれじゃ古畑任三郎……。

んーービーーナス♡

ナスビのペットではない。

となりのおせっかいオバちゃん岡本麗さん。昔だったら富士真奈美ってカンジ?

岡本麗と橋爪さんはDAYSカップルでもあるよな!

角野卓造さんとかいいパパ役の人大集合。その中でモテモテの正和・五郎50歳で…やっぱスゴい!!

no. 095

田村さんの「カミさんの悪口」に続く、カミさんシリーズですね。日曜劇場って手堅くて、絶対変なことないって感じで安心して見れます。

staff

プロデューサー＝磯山晶　ディレクター＝清弘誠／吉田秋生　脚本＝山本清多
出演＝田村正和／橋爪功／角野卓造

'98年4月9日～6月18日

「HOTEL」

（木）

21：00～21：54

TBS系

HOTEL
TBS系
木・夜9時～
◎なんたって今回の『HOTEL』の見どころは、イヤミなほどにうまい藤田朋子さんの英語でしょー！
しかも英語なまりの日本語もナイース！
だが、その他の日系人の皆さんは、ふだん英語まじりなくせに、こみいった話になると日本語なのはナゼ!?
そして日本人観光客、いくらなんでも今どき「ユカタはないのか？」とか「かけブトンないの？」とか言うんでしょーか… 言うのかなー。
ハワイに欠かせないラーメン屋えぞ菊も登場！
赤坂くん&秋山くんのジャニーズ外人顔班？
秋山くんホントにプチ・マイケル富岡
姉さんこんどはハワイですっ
ガブではなくビルです
シャンパンバスに入って肌みがいてんなら写真集出せっ…てカンケーない!?
英語はまかせて
センパーイ

no. 096

このときはハワイが舞台だったので、ご当地ものみたいになってましたね。出演者はみんな仲良しそうだから、ハワイ・ロケも楽しそう。本当においしいお仕事だなぁ。で、ハワイのホテルのマネージャー役の京本さんが「ガブではなく、ビルです」って描いてあるところを見ると、有森さんのガブ事件があったころですね。

プロデューサー＝近藤照男　ディレクター＝瀬川昌治／佐藤純弥ほか　脚本＝横田与志／西岡琢也ほか
出演＝松方弘樹／高嶋政伸／水野美紀

staff

'98年4月9日〜6月25日

「凄絶!嫁姑戦争　羅刹の家」

(木)
21：00〜21：54
テレビ朝日系

凄絶!嫁姑戦争 羅刹の家
木9時〜テレビ朝日系
『ウラ番組の『食わず嫌い王』で谷村新司が筑前煮にハシをつけたその瞬間、ラセツの食卓にもお母さま(山本陽子)手作りの筑前煮が!! しかもコレ嫁がさわると味が変わる』らしい…。
すごムでお母さま.オニ嫁にしてオニ姑!!
高血圧の大姑のおカユにめっちゃ塩しこんでるし…。
お母さま登場場面ガネーン
石油カンひっくり返したよーな効果音入り!! ワイドショーの再現ドラマもびっくり! もはやホラー特集!?
コーンコーンッ
ル
いしのように カッコしてても こんなコトじゃない
ゴオーーーッ
言いなれないセリフに舌をかみそーで棒読みになるカトリ
気をつけてはいたんですけれども せっかくのお志しを無下にしてしまいました
杏子はそそっかしい所があるから…
『ガラスの靴』コンビだが… 玉のコシの先にはラセツありってこと?
ジャカルタ行き
いつも腕ぐみで登場 伊藤かずえ

no. 097

山本陽子がいまどきの連ドラに出るのは珍しかったですね。ちょっと昼メロっぽいノリで、ＳＦＸじゃないけど、変な演出してたのが印象的でした。その変さが気になって見てた気がします。

プロデューサー＝五十嵐文朗／高橋勝　ディレクター＝江崎実生　脚本＝江連卓
出演＝加藤紀子／保坂尚輝／山本陽子

staff

'98年4月14日～6月30日

「ドンウォリー！」

(火)
22：00～22：54
フジ系

ドンウォリー!
フジ系
火10じ～
◎「ドンウォリー!」言われ
てもフムフム心配してました
ドラマのCM見た時は…
(なんか、かくし芸大会?
井上順出てきそう?
って感じで)。始まって
みればカックラキン大放
送?ちがうって——!!
ゲストがユースケ・サンタ
マリアや『白線
流し』のツッ
パリ(下遊井
亮子)、松本
明子のダンナ
兼・原田龍
二の弟と、ムム
とこツイてます。
探偵の仕事は"ロンブー"の
ガサ入れみたいムだけど…。
要チェックは中村俊介
くーん、二枚目——!
髪型はマッチとおそろ。
ジャニーズJr.の
横山くんは
ともさかりえ似く?
←色白。
星リョーマ?
→ヒューマだろッ
カンケーないけど『さんまのまんま』のエンクミのボケようはスゴかった。『からくりTV』のレギュラーまぢかか!?

ドンウォリー!

菊池麻衣子もバラエティ班近し?

←ミョ～にかわいっぽいマッチの話し方。甘えんぼうアニキだッ!

no.
098

マッチって、あんまりドラマに出ないので、これは珍しかったですね。中村俊介はこのときはまだあまりパッとしませんでした。そのあと情けない役でだんだんと人気が出てきて、いま時代劇に出てるけど、なんかそれって原田龍二路線を行ってる気が…。

プロデューサー＝和田豊彦／大平雄司　ディレクター＝楠田泰之／中島悟ほか
脚本＝奥寺佐渡子／鈴木貴子ほか　出演＝近藤真彦／菊池麻衣子／中村俊介

staff

'98年4月14日〜6月30日

「WITH LOVE」

(火)
21：00〜21：54
フジ系

WITH LOVE
フジテレビ系
火曜9時
※雨音(田中美里)は、ゴールデンウィークにフジテレビのフランス祭り行っちゃったのねー
だいたいパリに住んで美術館めぐりしてアップルケーキ食ってるなんて、あまりにバレそーなウソだが……。
天(竹野内)は天で、田舎の小学校で子供たちに音楽教えてるなんて、三上博史(←それが答えだ!B)みてーなことを……。
気になるのは天が昔やってたバンド"アッシュ"。女性ヴォーカルで主題歌のマイラブみたいなの?でもTake2がいるバンドってどうか!?
そのハンドルネームはどうだろ?
てるてる坊主でーす
雨音さん♡
捨てたよ
←返してもらったハンカチといい伝票といいすぐ捨てる天さん
300万貸してくれっ
←土下座 Take2深沢っち
記号的には→(m_ _m)
天ったらクールなんだから
PHONEのCMみて〜なたくらんだおねえちゃん希望
↑銀行で順番がきて立ちあがるときミョーに姿勢がいいミッチー

no. 099

これには、はまりましたね。竹野内君はこういうクールな役がいいなぁ。ミッチーもよかった。小室哲哉が当たってたから、音楽プロデューサーっていうのがカッコイイ職業になってたんですよね。メールをきっかけに恋愛っていう設定は目のつけどころが早かったんだけど、最後にビルの上で抱き合いながら、お互いのメールを読みあうのは〝どうでしょう?〟とちょっと疑問が残りました。

プロデューサー＝喜多麗子　ディレクター＝本間欧彦／田島大輔ほか　脚本＝伴一彦／尾崎将也
出演＝竹野内豊／田中美里／藤原紀香

staff

'98年4月15日〜7月1日

「ショムニ」

(水)
22：00〜22：54
フジ系

ショムニ
(フジテレビ系・水10じ〜)
イカシてるぜショムニーーーズ!!
女友だちできなさそうなタイプもここまでそろうと壮快◎しかも本音トークで、さぞやOLの皆さんは胸のすく思いをしてるってことでしょーー。
江角の男顔と低い声も、こういう役だと光ってるねー。
女性陣みーんなハマリ役。
タカビーな秘書課の戸田菜穂もいい味出してるぞ。
そして森本レオ様はやはりカワイー♥
「いいひと。」の女版…しかも「くれるいいひと?」ばかり!?
女の価値は男の数で決まるのよ!!
うふ♡
こんなん出ましたけどー
ジミな制服もスタイルいい人が着るとカッコいいワケやねー
トホホ…
梅
ぴーぴーチーちゃんのくせにっ
がーん…
交尾経験のあるネコより劣るといわれた処女。

No. 100

本当に当たりましたよね。江角はすごいミニスカで足の長さを強調してたり、それぞれのキャラが立ってたから、よかったのかな。あと、人事部の高橋克実と伊藤俊人さんもこれでブレイクしましたね。

プロデューサー＝船津浩一　ディレクター＝鈴木雅之／土方政人ほか　脚本＝高橋留美／橋本裕志
出演＝江角マキコ／京野ことみ／櫻井淳子

staff

'98年4月15日～7月1日

「恋はあせらず」

（水）
21：00～21：54
フジ系

恋はあせらず
フジテレビ系
水・9じ～
オレたちイケてる？
アミーゴ！
あせらず…
というタイトルの
わりには、あせってるよーな…。
昔の真田広之みたいに
道路を馬で走っちゃうし…。
日本版『クロコダイル・ダンディー』
あーんど一部『カクテル』？
でもヤンバル島にナマリはないのね
←「SMA×SMA」の
ユージ君。
沙粧といい自分の出たドラマキャラをことごとく
破壊(!?)するシンゴくん！
でもこのドラマ、シンゴと
織田くんのキャラが
逆でもオモ
ロかったん
では？
←シンゴくん
ツッコミという
より、ボケキャラだし。
野人だし。
「BELIEVE ME」
ってカクテル
おいしーのかにゃー
そいつ
笑うのか
麗さん
ひさびさ藤竜也はバーがお似合い
いいんです
慈英さんの腹式呼吸
なセリフが耳に
残るぞ。

no. 101

途中で話が変わっちゃったんですよね。小雪をゲットするために成り上がるみたいな話だったのが、途中で友情ものになっちゃってました。タイトルも全然関係ない感じだったし。ウエスタンな格好で、馬に乗ったりしてたのが、妙に印象に残ってるんですよね。

プロデューサー＝森谷雄　ディレクター＝若松節朗／西谷弘ほか　脚本＝田辺満／高山直也
出演＝織田裕二／香取慎吾／鈴木杏樹

staff

「お仕事です！」

(木)
21：00〜21：54
フジ系

お仕事です！
フジテレビ系
木10時
国分くんカワイーんだけど原作のカトのイメージだと、ヒビキはオザケン。
いんやーびっくりしましたなヒナの入籍。まさにこのドラマのミキちゃんのよーに大胆なヤツ。
でも、ことりにしても夏子にしても、いきなり大会社やめちゃうなんて大胆！この不況時にリゾートホテルのプロデュースとか、話でかいっスね・3人しかいないのに『リトル・バード』。しかも食器会社じゃないのか？『リトル・バード』…。
ミ…ミキちゃん？…
ドラマ界きっての幸《さち》うす系大沢くん
いったい何度死んだら気がすむのか？そおゆーモンダイじゃない？
入籍です！
お仕事は…？
ゴホッ
ゲボッ
「星の金貨」で北海道は鬼門では？
女性陣は原作のイメージぴったし！

no.
102

原作は柴門ふみさんのマンガ。国分（太一）君が原作のイメージと違って、ちょっと悲しかったんだけど、それなりにおもしろかったな。このドラマのときに、雛は実生活で入籍しましたね。

プロデューサー＝大賀文子／両沢和幸　ディレクター＝岩本仁志／木下高男ほか
脚本＝沢村一幸／中谷まゆみ　出演＝鶴田真由／松下由樹／雛形あきこ

staff

'98年4月10日～6月26日

「めぐり逢い」

(金)

22：00～22：54

TBS系

めぐり逢い
TBS系
金10時～
こんな主人公の職業がかわるドラマもめずらしいでしょー。一週間目をはなしたスキに雅治まで社長になってるし…。しかもまたも絵里、音信不通。趣味、音信不通か？電話一本かければすむことを…。でもまたすぐ、めぐり逢うからいいのかー。特技、めぐり逢い。
それにしても岡健先生はどうしちゃったんでしょう。医者、空港、転落……それじゃ『星の金貨』の大沢くん。このドラマ、主人公以外の人々もけっこう波らん万丈っス。
白シャツ―ノーネクタイいよいよ正和度高まる岡健先生
「ひとつ屋根」の小梅と、ちぃ兄ちゃん
だからお前ら兄妹だっちゅーの！と、つい思っちゃう
雅治社長――!! メガネエッチくさーい！
しかも横わけ。
→大沢くんじゃないから死なない たぶん…
ダンサーめざしNYへ
↓
帰国、画廊ではたらく
↓
おべんとやオリーブハウス社長
↓
タクシードライバー
絵里（トキワちゃん）の転職歴
不況なんかぶっとばせ！
あたしだって元・社長
いつ2種免許とったんだ？
スキならスキと2人ともハッキリしろーッ

no. 103

カト的には岡健先生を中心に見てました。不倫だったんだけど、ニューヨークでケガした常盤ちゃんを助けてたり、すごく優しくて。それで、福山君は「ひとつ屋根の下で」の妹・小梅とお見合いしてて、思わず〝兄妹だろー！〟って突っ込んじゃいました。すれ違いドラマなんだけど、お互いに好きだって、言っちゃえば終わるのにって思ってました。まあ、それだとドラマにならないんですけど…。

プロデューサー＝橋本孝　ディレクター＝遠藤環／土井裕泰／吉田健　脚本＝吉田紀子
出演＝常盤貴子／福山雅治／岡本健一

staff

'98年4月13日〜6月29日

「ブラザーズ」

(月)
21：00〜21：54
フジ系

ブラザーズ
(フジテレビ系月・9時〜)
真心?
◎寺にプライバシーはないのか!?ってくらいなにか事件おきると一家総出で立ち聞きしてるよね・ナナちゃんは母をたずねて三千里・ナナがまだお母さん見つけてないのに、逆にナナの居どころ探しあてちゃう義理の妹ってスゴイね!
真心(中居くん)のホントの両親ってゆうのも生きてるんでしょうか?・そして最後には、中居くんはボーズになってくれるんでしょうか?
えっ・それじゃナイナイの岡村!?
かしこまりーー♡
ナナの謎
シノラーというかナナラーというか
ころがりこんできた時たいした荷物なかったのにいったい何枚服もってるんだ!?
真心がジーコの写真みせた時「誰?」っていってたけどホントにブラジルから来たのか!?
アクセサリーもいっぱい…
原田パパしぶい もっと活やくしてー お経はよまないの?
おいおいみんな見てるって!
岸谷さんと中居くん→CMみたいな明るいカラミがみたい
いまだにいるんですね→空間プロデューサーって…
ジーコファンなのになぜヴェルディの旗が!? 巨人ファンだから!?

no.
104

中居君と岸谷五朗というビールのCMコンビが共演。特殊職業ものだったから、もっとマンガの「ファンシー・ダンス」みたいに、法事はどうするとか、お坊さんって長髪でもいいのかとか、裏ネタをもっと知りたいニャって思いましたね。

プロデューサー＝栗原美和子　ディレクター＝永山耕三／澤田鎌作ほか　脚本＝橋部敦子／金子ありさ
出演＝中居正広／木村佳乃／原田芳雄

staff

「夏のドラマCHECK!」

夏のドラマCHECK!
ポポポペピポポよ (新顔ぞろい)
華原トモちゃんドラマ初登場!『ボーイハント』今世紀最後のバクダン(?)トモちゃんのヒューヒューぶりに期待!
コワれないでネ
ポポポペピポポ♪ (月9に出るよっ)
ポポポペピポポ♪ (意外と若い)
ポポポペピポポ♪ (カネシロ タケシ そのまーんまやっ)
まさかタテブエでセリフ言っちゃくれませんやね……?
MAXでーす
『スウィートデビル』(テレ朝系・月8) 独自路線をつき進む月8にMAX登場!
月8年令的にはSPEEDの方が…と思ったがMAXも若いのね
『神様もう少しだけ』(フジ系・火9時) ついに連ドラ登場金城くん!! カードとしては、カード会社のCMみたいな鼻血な絵もステキなんだが…。コレ鼻血ないっスよね。
プラダの広告の金城くん様めっちゃカッコいーのだ
ところで袴田っちと内藤さんが、また月8に……。生涯契約結んでるんじゃないよね? 働き者なだけ?

no.
105

「神様、もう少しだけ」で金城君が連ドラに登場。「ボーイハント」で初登場の朋ちゃんは、やっぱりちょっとしか出なかったよね。このころって、フジテレビが縦笛で番宣してたときですね。「スウィートデビル」にはMAXと袴田っちが出てました。一応初めて出た人ばっかり描いたんですけど、いまドラマに残ってるのは金城君だけ?

'98年7月2日〜9月17日

「ラブとエロス」

(木)

22：00〜22：54

TBS系

ラブとエロス
TBS系
木・10じ〜
タマゴ焼きでーす♥
しかし親父の葬式でー↓いきなりプロポーズはじめるたぁたムしたラブだ！あんなことして親せきから怒られませんでしたかって
ラブでーす♥
俊町くんは小TOK。だったよねー
@長瀬くんのケダモノっぷりがイカすぜ！調理台だろーが、ビルそうじ中だろうが、どこでも発情!! 脱ぎっぷりもムーっス！
胸の十字架は、セバスチャン長谷川(父)のかたみ？クリスチャン次郎なのか？せっかく調理士免許もってんだから温子さんのお弁当屋で働けば!?
エロでーす
ロン毛の宝生ちゃんはやっぱカワイーー↓
なんだか温子さんの胸すごくめだつんですけど……コレがタマゴ焼き……?

no.
106

好きだったなぁ。長瀬君がカッコよかった。でっかく育ったところで、野性的でエロって感じだった。いきなり浅野温子のことを押し倒したりするんだけど、いきなり泣き出したりもして、そこにカトはグッときちゃいました。海辺で一夜を明かすシーンでは、「そんなにやっちゃっていいの?」と思いつつも、「いいなぁ〜、浅野さん」とか、「いい体してんな、長瀬」とか思ってました。お得感いっぱいで、もうラブよりもエロでしょって感じでした。

プロデューサー＝磯山晶　ディレクター＝生野慈朗／戸高正啓／片山修　脚本＝中園ミホ／おちまさと
出演＝浅野温子／長瀬智也／宝生舞／藤井フミヤ

staff

'98年7月7日〜9月22日

「神様、もう少しだけ」

(火)
21：00〜21：54
フジ系

神様、もう少しだけ
フジテレビ系
火9:00〜
金城っち、ついに連続ドラマ登場！番宣のワイドショーで「10の質問にイエスノーで答えて下さい」って言われたら「ゆー免許と同じだ（笑）」とか言っててうムラムしーぞ!!　でもこの音楽プロデューサー石川啓吾、なんでこんな人気あるんだ!?　コンサートで「ケイゴ、ケイゴ」なんてコールされてるし。みんな「コムロ、コムロ」とか「タケシ、タケシ（小林）」とか言ってんのか!?　女子高生の真生（深田っち）を「もう少し娘」とかいって売り出す話かと思いきや、もっとシリアスでしたナ。
前クール16の竹野内くんとキャラかぶってないか？顔も同系統。
俺のへやであったまってく？
ケイゴー
I LOVE 啓吾
↑雨ん中こんなもん出されたら、ソク、アクセルふみこむと思うんだが……
いきなり宮沢リエちゃんの写真出てきてびっくり。昔、スペシャルドラマで共演したから!?
深田っちはいまどきのカワイイ女子高生ガオで役にぴったし
啓吾 LOVE♡
『北の国から』に出てるボクトツな人が↓
風俗大好き会社員とは…

no.
107

アジア系のキスって濃いから、金城君のキス・シーンはすごかったですよね。金城君がフカキョンにガバー！　チュー！　やったら、フカキョン硬直みたいな。長かったよね。ガバガバ、ガバガバ、バクバク、バクバクみたいな。

〝ご無体な金城君〟って思っちゃいましたね。ストーリー的には少女の夢をかなえるドリーマー系な、少女マンガ系な話で、よかったっス。金城君はクールな役だったんだけど、アメリカからフカキョンに送るビデオレターはCMとかの金城チックで、かわいかったな。

staff

プロデューサー＝小岩井宏悦　ディレクター＝武内英樹／田島大輔ほか　脚本＝浅野妙子
出演＝金城武／深田恭子／加藤晴彦

カトの熱烈！ラブコール対談

お客様

磯山 晶

さん

（TBSプロデューサー）

いそやま　あきら

1967年東京生まれ。'90年TBS入社。主な番組「不機嫌な果実」（'97年）「ラブとエロス」（'98年）「池袋ウエストゲートパーク」（'00年）。最新作は「天国に一番近い男」（'01年4月スタート）

カト 幼いころに、はまって見てた番組は何でした?

磯山 エーッ、何だろう? 『前略おふくろ様』[1]かな。

カト 小さいときから、ドラマがお好きだったんですか?

磯山 そうですね。**でも、小学生のときは夜10時までしかテレビを見れなくて**、昔TBSでやってた"木曜座"は見れなかったんですよ。『たとえば、愛』[2]とか『離婚ともだち』[3]とか。それが始まると寝ろって言われて。倉本聰さん脚本で、大原麗子さんがDJ役、旦那さんが原田芳雄さんの『たとえば、愛』は、すごく見たいんだけど、見せてもらえなくて、オンエアの翌日、4歳上の姉にどういう話だったか聞いてました。

カト 小学生で『たとえば、愛』とかのストーリーが知りたかったんですか?

磯山 何かすごい見たかったんですよね。しかも、ことばで聞いてるから、余計印象が深いっていうか。最終回は、匿名希望のハガキを読んで番組を降ろされた大原麗子さんをDJに戻すために、別れた夫の原田芳雄さんがハガキを書いてるシーンで終わるらしいんですよ。見てもいないんですけど(笑)。

カト でも、見ていないのに、よく覚えてますね(笑)。

磯山 『離婚ともだち』とかは再放送になってから、何回も見ているんですけど。『たとえば、愛』は、再放送を見たことがないので、私の中では幻の作品。それと同じドラマかどうかわからないんだけど、中村晃子さんが『恋の綱わた

1 前略おふくろ様 年10月~77年11月まで日本テレビ系で放送。出演・萩原健一、八千草薫、梅宮辰夫ほか。深川の料亭で働く三番板前・サブの青春を描く人情ドラマ。

2 たとえば、愛 79年1月~4月までTBS系で放送。出演・大原麗子、原田芳雄、津川雅彦ほか。深夜放送の人気DJ冬子をめぐる愛を描く。

3 離婚ともだち 80年4月~7月までTBS系で放送。宣伝プロデューサーの女と、もうすぐ離婚予定の企画プロ社長がコンビを組む。

4 恋の綱わたり 「離婚ともだち」の挿入歌。テイチクレコードより発売。

5 奥さまは魔女 66年2月~68年9月までTBS系で放送。出演・E・モンゴメリ、ディック・ヨーク。夫・ダーリンと仲良く暮らすチャーミングな

り』[4]を歌ってるシーンが見たくて…。

カト 大人っぽい作品ですね。ほかは。ほかには、どんな番組を？

磯山 うちは何だかわからないんですけど、倉本聰さん派だったんですよ。

カト 山田太一派ではなく（笑）？

磯山 『想い出づくり』より『北の国から』を見てました。だから、『前略おふくろ様』も見てました。ほかは、『熱中時代』とか『太陽にほえろ！』とか。

カト 何デカが好きだったんですか？

磯山 Gパン刑事。

カト じゃあ、「前略」を見てて、ショーケンがカッコイイみたいなことは？

磯山 そのときはショーケンがカッコイイと思うほど大人じゃなくて…。

カト 『傷だらけの天使』とかは？

磯山 見てないんですよ。『探偵物語』も。でも『池袋ウエストゲートパーク』のとき似てるっていわれましたね。あと『奥さまは魔女』[5]とか。バラエティでは、ドリフや『欽ドン！良い子悪い子普通の子』[6]も見てました。フツ男君がちょっとかわいくて。

カト 長江健次[7]君。昔から、かわいいコを見つけるのが、うまかったんですね（笑）。じゃあ、一番最初に好きになったタレントさんは？

磯山 **尾崎紀世彦[8]さん**。

カト エーッ。レコード大賞をとったときですか？

磯山 **揉みあげが好き**だったんです。でも、家族ものけぞってました（笑）。

カト 耽美系なのかなと思ったら…。

磯山 濃い系が好きなんですよ。ジョージ・マイケルとか、みんながエーッ

妻は、実はすごい魔力を持つ魔女だった。

6 欽ドン！良い子悪い子普通の子
82年10月～85年までフジ系で放送。萩本欽一の人気バラエティ番組。「良い子悪い子普通の子」には、山口良一、西山浩司、長江健次が扮した。

7 長江健次
64年生まれ。「欽ドン！」でフツ夫役に扮して人気に。同番組の山口、西山とイモ欽トリオを結成、「ハイスクールララバイ」で歌手デビューし、チャート一位を獲得。その後ソロ活動し、現在はテレビ、ラジオで活躍。

8 尾崎紀世彦
43年生まれ。67年、コーラスグループ・ザ・ワンダースを結成。その後ソロデビューし、71年、デビュー曲「また逢う日まで」がミリオンセラーとなりレコード大賞と日本歌謡大賞を同時受賞。その歌唱力で

ていうような人が好きでした。

カト そこら辺がもうツボ？

磯山 何かアクの強そうな人。誰が好きって聞かれて、恥ずかしくて言えないみたいな人が好きでした。

カト そうそう、**磯山さんは少女マンガ家**でもいらっしゃるんですよね。マンガは小さいころから読んでました？

磯山 読んでましたね。マーガレット系で、「岩館真理子[9]」さんが好きでした。

カト それで、ご自分でマンガを描くようになったのはいつごろから？

磯山 高校生のときに、週刊マーガレットに応募してたんですよ。それで、1回くらい載ったんですけど、ちょうどそのころ大学に入って…。**楽しくて、マンガなんか描いてる場合じゃないや**って思っちゃったんですよ（笑）。

カト 私もそうでした（笑）。

磯山 で、会社に入ってから、「こんなに私って、できないんだ」って思うくらいADができなくて…。気も利かないし、体力もないし。このままじゃ、ヤバいと思ったんですけど、5年ADをやらないと、ディレクターになれないので、5年なんか絶対無理と思って、それで「そういえば昔マンガを描いてた」みたいな…（笑）。**これをやって、会社を早くやめよう**とか思ってました。

カト まさに自分の技術を生かしてって感じですね（笑）。でも、就職のときは、なぜTBSに？

磯山 本当は広告代理店のクリエイターになりたかったんですよ。でもCMディレクターは美大を出てないと受けられなくて、それでも広告代理店に入

根強い人気を持つ。

9 岩館真理子
漫画家。73年「週刊マーガレット」でデビュー。かわいい絵柄、繊細なストーリー構成と心理描写で人気を得る。主な作品は「冷蔵庫にパイナップル・パイ」「おいしい関係」「ふたりの童話」など。

10 池袋ウエストゲートパーク
2000年4月～6月までTBS系で放送。出演・長瀬智也、加藤あい、窪塚洋介。池袋を舞台に、いまどきの若者をリアルに描く青春群像ドラマ。

11 探偵物語
54年9月～55年4月まで日本テレビ系で放送。出演・松田優作、成田三樹夫、倍賞美津子。はやらない小さな探偵事務所の私立探偵の活躍を描くハードボイルドアクション。ユーモラスでしゃれたタッチが話題。

ろうと思ったんですけど、ほとんど落ちて。当時、テレビ局は遅かったんで、ダメもとで受けたら、入れたんですよ。

カト でも、テレビ局って、超難関って感じがしますけど？

磯山 私もそう思ってたんですけど、同期を見たら、**変な人ばかり**で…（笑）。

カト で、いまは両方の仕事を？

磯山 でも、いまマンガはそんなに描いてないから。でも、マンガだけで食べていけるなら、いいですよね。だって、ドラマって最初に思いついてから、実際にオンエアされるまでに、ものすごい変わってるんですよ。

カト やっぱり自分が思ってたのとは違ってるんですか？

磯山 最初何がやりたかったかわからないくらい途中で変わってることもありますね。人の手が加われば加わるほど、プラスアルファがあるから、「こんなになって、ステキ」ってこともあるけど、そのステキと思うときですら、全然違うものになってることのほうが多いんですよ。だから、思ってたものを実現することを目的にすると、かなり実現率は低いですね。

カト マンガだったら、自己采配ですものね。ここで基本的な質問したいんですが、プロデューサーというのは、ドラマにおいて、どのような役割を？

磯山 最初に企画があったり、キャスティングがあったりするんですけど、漠然とした企画を出して、それを編成部と相談して、実現性を照らし合わせるんですね。やってよしということになると着地になって、そこから「脚本家は誰に」とか手札みたいなのをそろえていくわけです。それは絵札みたいな人のほうがよくて、元々2枚はもってないと着地しないんですけど。その企画を立ち上げて、ある程度、形になるのが半年くらい前。主要キャストが決まって、脚本家とどういう話にするか結末までを話して、大体3カ月前までに、台本の初稿ができてきます。で、1カ月前から撮影が始まって、オンエアのときには2本分くらい撮ってます。

カト 夏に放送された『池袋ウエストゲートパーク』[10]は、すごい久々に毎週早く来ないかなっていうほど楽しみなドラマだったんですけど、続編は？

磯山 どうですかね。みんな燃焼しちゃってるし、解決しちゃってるんで。でも、堤さんは**今度は渋谷が攻めてくる話にしよう**って言ってました(笑)。

カト 渡辺謙さんと長瀬君で『探偵物語』[11]みたいな作品もいいけど…。それぞれの役者さんにとって代表作になるようなドラマでしたね。あと、これからやってみたい企画はありますか？

磯山 基本的に、**師弟ものが好き**なんですよ。だから、古典芸能の師匠と弟子とかやってみたいですね。

カトの熱烈！ラブコール対談

お客様

飯田譲治さん

（監督）

いいだ じょうじ

1959年長野県生まれ。'86年「キクロプス」で監督デビュー。主な作品「NIGHT HEAD」（'92年）「らせん」（'98年）「アナザヘヴン」（'00年）。

カト　飯田さんが子供のころ、好きだったテレビ番組は何ですか？

飯田　あやふやな記憶で残っているのは『遊撃戦』[1]。映画『独立愚連隊』[2]のテレビ版みたいな、第二次大戦中に中国大陸に渡るゲリラの話。

カト　戦争もののシリアスな感じ？

飯田　シリアス。最終回は地下にある敵の基地に侵入するんだけど、どんどん仲間が死んでいって、最後に佐藤允さんと渡辺篤史さんが生き残るのね。でも、傷を負ってて、「俺たちはモグラじゃない。死ぬときはお天道さまを見ながら死のう」と地上に出て、「あっ、太陽だ」って死ぬところで終わるのよ。子供心に怖くて、印象に残ってる。

カト　それって、きっと子供が見るようなドラマじゃないんですよね。

飯田　恋愛ネタとかセックス・ネタに対しては遅かったんだけど、**テレビに関しては早熟だった**んだと思う。

カト　ほかには、どんな番組を？

飯田　竜雷太さんの『これが青春だ』[3]。

カト　『おれは男だ！』[4]とかは？

飯田　見てた。それで『これが――』で覚えてるのは、岡田可愛が男子生徒の頬に自分の唇が触れて、キスしたって悩んでるところ。

カト　ドキドキしてたんですか（笑）？

飯田　イヤ、よくわからなかったの。そういうことに、奥手だったから。

カト　奥手だった？　独占告白。でも、何がわからなかったんですか？

飯田　キスをして、何で落ち込むのか。だから、女の人がおっぱい出すのがいやらしいことだとわかるのも遅かった。

[1] 遊撃戦　66年10月〜67年1月まで日本テレビ系で放送。

[2] 独立愚連隊　59年東宝。岡本喜八監督。出演・佐藤允、三船敏郎。

[3] これが青春だ　66年11月〜67年10月まで日本テレビ系で放送。

[4] おれは男だ！　71年2月〜72年2月まで日本テレビ系で放送。

[5] ハレンチ学園　70年10月〜71年4月までテレビ東京系で放送。スカートめくりなど、当時としては過激な内容で論争を巻き起こした。

[6] デビルマン　72年7月〜73年4月にテレビ朝日系で放送。

[7] ガクエン退屈男　70年に連載された永井豪のコミック。学生ゲリラの活躍を描く。

[8] あばしり一家　69年〜73年に連載された永井豪のコミック。犯罪一家が巻き起こすコミカ

カト　本能的にわからなかったんだ。『ハレンチ学園』[5]は見ました？

飯田　テレビは見てなくて、マンガは読んでたけど、ピンと来なかった。

カト　でも、飯田さんは『デビルマン』[6]とか、そっちの感じですね。

飯田　『デビルマン』とか『ガクエン退屈男』[7]『あばしり一家』[8]は好きだったよ。**あのころから、ある種、恋愛ものとかはダメ**だったんだよね（笑）。

カト　ダメだったんだ（笑）。

飯田　でも、『傷だらけの天使』のころには、わかってたよ。

カト　それで、〝ゴキブリ死ね死ね〟っていう（女性の等身大の）看板と、ドラム缶風呂に入る話がありましたよね。

飯田　何でそんなの覚えてるの（笑）？

カト　子供心にそこはすごい覚えてる（笑）。アニメとかは見てました？

飯田　手塚治虫の『鉄腕アトム』[9]は毎週見てたし、『鉄人28号』[10]も。『遊星少年パピィ』[11]とか『遊星仮面』[12]も見てた。でも、『遊星仮面』は何で強いか説得してくれなかったから、あまり好きじゃなかった。

カト　説得してくれないとダメなんですか？　スーパーヒーローでも？

飯田　だって、ある日突然、少年が遊星仮面になるんだよ。あと、『どろろ』[13]はアイディアに衝撃を受けたね。

カト　私もすごい覚えてる。全部が業みたいな話ですよね。特撮ものは？

飯田　『ウルトラQ』からずっと見てた。『ウルトラセブン』になると、見たり見なかったりだけど。いま子供が『ウルトラセブン』と『ウルトラマン』

ル・バイオレンス。

9 鉄腕アトム
63年1月〜66年12月までフジ系で放送、日本のアニメの原点。

10 鉄人28号
63年10月〜65年5月までフジ系で放送。正太郎少年の操るリモコンで動く鉄人28号が活躍。

11 遊星少年パピィ
65年6月〜66年5月までフジ系で放送。

12 遊星仮面
66年6月〜67年3月までフジ系で放送。

13 どろろ
69年4月〜9月までフジ系で放送。原作・手塚治虫。

14 ゴジラ
54年東宝。本多猪四郎監督による第1回作品から現在に至るまで、数多くのシリーズを生み出している特撮映画。

15 「素浪人月影兵庫」
65年10月〜66年4月にテレビ朝日系で

にはまって見てて、やっぱり『ウルトラマン』はよくできてる。闘いのシーンもしっかりしてて。『ウルトラセブン』は大人が見ると、おもしろいよね。

カト そのころのヒーローは?

飯田 いま思い返すと、いちばん好きだったのは『ゴジラ』[14]。その後が『月影兵庫』[15]、原田芳雄さん、萩原健一さん。

カト 私も原田芳雄さん好きでした。

飯田 『3丁目4番地』[16]。『真夜中の警視』[17]も好きだったね。あと『裏切りの明日』[18]も覚えてる。すごいカッコよかった。それで、次がショーケン。藤竜也さんも一時カッコイイと思ってた。映画『アフリカの光』[19]を見て。

カト ハード系な人が好きなんですね。

飯田 生ぬるいのはイヤだった。そういうアウトロー感覚は時代だよね。

カト 時代もあるのかな?

飯田 当時は、社会に組み込まれることをよしって雰囲気じゃなかったから。

カト じゃあ、好きだった女の人は?

飯田 浅丘ルリ子さんとか大原麗子さん。アイドルっぽいコはダメで、**本当に好きになったのは桃井かおりさん。**

カト わりとお姉さま系ですよね。バラエティ番組は見てました?

飯田 『ゲバゲバ90分』[20]とか『植木等ショー』[21]とかクレイジーキャッツものはすごい好きだった。ドリフターズやコント55号のコントものはもちろん好きで、『吉本新喜劇』も大好きだった。

カト 吉本やってたんですか?

放送。出演・近衛十四郎。

16 3丁目4番地 72年1月～4月日本テレビ系で放送。出演・森光子、浅丘ルリ子。

17 真夜中の警視 73年4月～5月フジ系で放送。正体不明の男が、クールに悪と対決する。

18 裏切りの明日 75年1月～3月TBS系で放送。出演・原田芳雄、倍賞美津子。

19 アフリカの光 75年東宝。神代辰巳監督。出演・萩原健一、田中邦衛、桃井かおり。

20 巨泉・前武のゲバゲバ90分! 69年にスタート、「アッと驚くタメゴロー」をはじめ、多くのギャグを生み出したバラエティ番組。

21 植木等ショー 67年7月よりTBS系でスタート。毎週多彩なゲストを呼び、歌やコントを繰り広げるバラエティ番組。

飯田　やってた。岡八郎が好きだった。

カト　へェー、そうなんだ。そういうのが関東はわからないんですよね。だから、『ブラック・レイン』を見て、初めて島木譲二さんを知ったんですよ。

飯田　洋ものもすごい見てた。『三バカ大将』[22]とか『タイムトンネル』[23]とか。『プロ・スパイ』[24]『スパイ大作戦』[25]『電撃スパイ作戦』[26]『サンダーバード』[27]『キャプテン・スカーレット』[28]『宇宙家族ロビンソン』[29]でしょ。『ナポレオン・ソロ』[30]は本気なのか冗談なのかわからない感じが好きで、欠かさず見てた。

カト　ご自分がいま書かれているものに、子供のころの影響ってあります?

飯田　みんな影響受けてます。『ギフト』[31]は意図的に、『傷だらけの天使』とか自分が見てて、おもしろかったもののエッセンスを入れたいと思ってたし、『アナザヘヴン〜eclipse〜』[32]も。最近、そういうのがない気がしたから。

カト　そういえば、室井さんの役どころは、昔の『傷だらけ』の岸田今日子さんみたいですね。だけど、飯田さんはダークサイドとか、そちら方面を描きたいっていうのがあるんですか?

飯田　**SFは好きだから、どっかで執着してる**んだと思う。執着っていうか、こういうことはあるわけないから、描かないっていう限定はしたくなくて、自然とジャンルがSFに…。だから、本人の中では必ず超常現象を出そうとかいう縛りをもってるわけじゃなくて、いまの時代のエッセンスを取り込もう

22 三バカ大将　63年6月〜64年5月まで日本テレビ系で放送。

23 タイムトンネル　67年4月〜8月までNHK総合で放送。

24 プロ・スパイ　69年1月〜7月までTBS系で放送。

25 スパイ大作戦　67年4月〜68年3月までフジ系で放送。

26 電撃スパイ作戦　68年4月〜10月までフジ系で放送。

27 サンダーバード　66年4月〜67年4月にNHK総合で放送。人形劇のカラーSF映画。

28 キャプテン・スカーレット　68年1月〜8月にTBS系で放送の人形劇。

29 宇宙家族ロビンソン　66年6月〜11月にTBS系で放送。

30 ナポレオン・ソロ　65年6月〜12月に日本テレビ系で放送。

とすると、どうしてもそんなスーパー・ナチュラルなものになるけど、ダークサイドにこだわってることはないよ。

カト でも、なんとなく、いつも悪意みたいなものが出てきませんか？『沙粧妙子・最後の事件』とか。

飯田 **物語に悪意が出てこないものってないじゃない。**

カト そういえば、以前に映画の話を伺ったときにおっしゃってましたよね、「悪意っていうものと愛みたいなものはすごく同じようなもので」って。

飯田 俺はちゃんと描きたいと思って、両方とも突き詰めようとしてるだけで、とりわけ悪いものを描こうと思ってるわけでもないし、本当に見た人にいいものを残したいと思ってるだけだから。

カト 最後に、飯田さんが次にこういうのをやってみたいと思うのは？

飯田 次にテレビをやるんだったら、もっとテレビっぽいものを意図的に作りたいなと思って。アメリカの「ファミリー・タイズ」とか「コスビー・ショー」とか。客の笑い声が入って、家族の問題をみんなで解決するみたいな、気楽なもの。「渡る世間は鬼ばかり」のもっと世代の若いのをやりたいのかもしれない。「やっぱり猫が好き」[32]のもうちょっと発展したのとか。でも、次は映画をやろうと思ってて、テレビをやるときは気楽なものをと思ってます。

31 ギフト
97年4月～6月フジ系で放送。出演・木村拓哉、室井滋。記憶喪失の男と、一攫千金を狙う人間たちが織りなすクライム・アクション。

32 アナザヘヴン～eclipse～
2000年4月～6月テレビ朝日系。出演・大沢たかお、加藤晴彦。連続女性失踪事件を追う刑事たちが遭遇する、人間の奥底にひそむ謎を描くミステリー。

33 やっぱり猫が好き
90年10月～91年9月フジ系で放送。三谷幸喜脚本。出演・もたいまさこ、小林聡美、室井滋。

カトの熱烈！ラブコール対談

お客様

岡田惠和さん

（脚本家）

おかだ よしかず

●

1959年東京都生まれ。'89年脚本家デビュー。主な作品「ドク」（'96年）「ビーチボーイズ」（'97年）「天気予報の恋人」（'00年）など。
最新作は朝の連続テレビ小説「ちゅらさん」（'01年4月スタート・NHK総合）。

カト 岡田さんが子供のころ、印象に残ってる番組って何ですか？

岡田 『巨人の星』［❶］とかアニメはよく見てました。ただ、男の子が夢中になるものには一歩ひいちゃう感じがあったんで、熱血ものは見てるけど、いまひとつ入り込めなくて…。

カト じゃあ、好きな番組は？

岡田 家族向けのものが好きで、『ルーシー・ショー』［❷］に夢中でしたね。『アンディ・ウィリアムス・ショー』［❸］と2本立てだった記憶があるんですよ。だから、いまだに日曜の朝の空気というと、平和な感じのその2つを思い出します。

カト 当時の岡田さんのヒーローは？

岡田 男の子がもつヒロイズムって結構苦手だったんですけど、『ウルトラセブン』［❹］は好きでした。

カト 『ウルトラセブン』はストーリーが難しかったですよね。

岡田 僕も後から知ったんですけど、金城（哲夫）さんが書いてる話とかは、ふつうでいうところの人間が善で、怪獣が悪でっていう構図に、疑問を投げかけてる作品が多くて、こんなに深い話だったんだと思いました。だけど、**いちばん好きなのは、アンヌ隊員**［❺］でした。森次晃嗣さんがウルトラセブンだって告白する海辺のシーンで、トレンディ・ドラマみたいに、風に髪の毛が揺れて、ドキッとしたんですよ。

カト ドラマではどんなものを？

岡田 母親が好きだったのか、文芸ものとか、ＮＨＫの朝ドラを見てましたね。その中でも『氷点』［❻］にはすご

❶ 巨人の星
68年～71年日本テレビ系で放送。一世を風靡したスポ根アニメ。元巨人軍の三塁手・星一徹が、息子飛雄馬に夢を託し、「巨人の星」となる投手として育てる。

❷ ルーシー・ショー
63年5月よりＴＢＳ系で放送さ。コネチカットを舞台に、銀行支店長秘書のルーシーと友人ビビアンを描く元祖ホーム・コメディ。主演はルシル・ボール。

❸ アンディ・ウィリアムス・ショー
66年1月～68年4月ＮＨＫ総合。

❹ ウルトラセブン
67年10月～68年9月にＴＢＳ系で放送。M78星雲から地球へ派遣されたウルトラセブンは、地球が数々の侵略者に狙われていると知り、モロボシ・ダンという地球人の姿をかりてウルトラ警備隊に入隊。地球の平和のために戦う。

い夢中になったのを覚えてます。母と娘の話なんですけど、それがずっと残っていて、『イグアナの娘』[7]っていうドラマをやるときにスタッフ全員でビデオを見たんですよ。みんなのめり込みましたね。〝あのプロットはちょっと越えられないよね〟って。

カト 『イグアナの娘』も母と娘の物語ですよね。愛憎っていうか。

岡田 参考になりましたね。だから、**子供のころの記憶がそういうふうに役立つことがある**んだなって思いました。

カト 私もすごい見てました。あれって、主演は小山明子さん？

岡田 新珠三千代さん。娘は内藤洋子さんで、ちょっと恋してた記憶が(笑)。

カト 黒髪の長い美少女っていうのが好みなんじゃないですか(笑)？

岡田 栗田ひろみも好きだったし(笑)。

カト ほかには？

岡田 ジャンルは何でも人がいっぱい出てくるのが好きなんですよ。水曜劇場の『時間ですよ』[8]とかのノリが好きで、お手伝いさんにあこがれてました。

カト コメットさんとか美代ちゃんとか？ 家にお手伝いさんがいたとか？

岡田 イヤ、いない。でも、本気で母親に頼んだことはあったけど(笑)。「あんたがしなさい」って言われて。浅田美代子さんも岸本加世子さんも好きだったし、谷口せつさんも。あと「気になる嫁さん」[9]の榊原るみさんとか。

カト いま岡田さんに言われて、気がついたんですけど、お手伝いさん系というジャンルがあるんですね(笑)。

5 アンヌ隊員
ウルトラ警備隊の女性隊員。ひし美ゆり子が演じる。ひし美は自伝「セブンセブンセブンわたしの恋人ウルトラセブン」、写真集「アンヌへの手紙」などを出版している。

6 氷点
66年1月〜4月にテレビ朝日系で放送。三浦綾子の原作をテレビドラマ化。主演・芦田伸介、新珠三千代。強盗の娘を引き取って育てる病院長の妻の母娘の愛と憎しみの葛藤を描く。

7 イグアナの娘
96年4月〜6月テレビ朝日系で放送。萩尾望都のコミックのドラマ化。脚本・岡田惠和。母に「あなたはイグアナだ」と言われ続け、自分もそう思いこんでコンプレックスだらけの女子高生を菅野美穂が好演。

8 時間ですよ
65年TBS系。出演・中村勘三郎、森光子。風呂屋を経営する夫婦を中心

岡田 そういう**お手伝いさんもの（笑）と、不良少女みたいなのが好きでした。**高沢順子さんとか、『それぞれの秋』［10］の、当時でいうスケバン役の桃井かおりさんとか。あと、『想い出づくり』［11］で、どうしようもない柴田恭兵さんにくっついてて、古手川さんをぶん殴ったりしてた田中美佐子さんも好きだった。両方とも山田太一さんのドラマなんですけど、すごい好きで。だから、2人と『ランデヴー』［12］っていうドラマができたときは〝来たー〟って思いましたね。

カト 中学高校はサッカーをやってらしたんですよね？ だったら、テレビはそんなに見てませんでしたか？

岡田 青春ドラマは見てました。

カト 『飛び出せ！青春』［13］とか？

岡田 あのシリーズって、ラグビー↓サッカー↓ラグビー↓サッカーって順番でやってたんですよね。当時サッカーとラグビーっていう日本では全然日の当たってないスポーツをドラマにしたのはすごいし、イメージの底上げにすごい貢献したと思いますよ。当時、『三菱ダイヤモンドサッカー』っていう番組はあったけど、それも試合を半分までしかやらなかったし（笑）。

カト そうそう。途中で終わっちゃうんですよね（笑）。いまのサッカー協会の会長の岡野さんが解説でしたよね。

岡田 74年のワールドカップ西ドイツ大会の決勝のときに生放送したんですけど、そしたら、実況の山本さんが感動で最初から涙ぐんじゃって…。

カト で、サッカーはいつまで？

に繰り広げられる人情ドラマ。

9 気になる嫁さん
71年10月〜72年9月日本テレビ系。出演・榊原るみ、石立鉄男。母親のいない大家族とばあやの七人で暮らす清水家にやってきたかわいいお嫁さんの奮闘を描くホームドラマ。

10 それぞれの秋
73年9月〜12月TBS系で放送。出演・小林桂樹、久我美子、林隆三。

11 想い出づくり
81年9月〜12月TBS系で放送。出演・森昌子、古手川祐子、田中裕子演じる三人の女性たちが、海外旅行で青春の想い出を作ろうとする。

12 ランデヴー
98年7月〜9月にTBS系で放送。脚本・岡田恵和。夫に愛想をつかして離婚した主婦（田中美佐子）と、恋をしないと決めている女性ポルノ小説家（桃井かおり）が、あるホテルで

岡田　高校のとき、音楽系のクラブに行きたくて…。

カト　じゃあ、バンドとか？

岡田　やってました。そのころはカッコイイのはそっちのような気がしたんですね。額に汗するよりは。

カト　じゃあ、高校時代は音楽を？

岡田　高校3年生くらいから、**音楽評論家みたいなのになりたくて。**レコードのライナー・ノーツを見て、何か楽しそうだよなと思って。

カト　私もすごく「ミュージッククライフ」の編集になりたかったんです。それで、このお仕事へのきっかけは？

岡田　父親が新劇の舞台の音楽を作曲する仕事をしていて、それを手伝ったりしてたんですよ。その後、フリーのライターをしていて、27～28歳のときに雑誌「ドラマ」に載ってた『西部警察』〔14〕の台本を読んで、〝これ、イケるんじゃないの？〟と思って、シナリオ学校へ。それは、**シナリオライターになりたい人が最初にはまる罠**なんですけど（笑）。

カト　そうなんですか？

岡田　テレビの台本って、わかりやすさを求められるから、難しいこと書いてないんですよ。それで、書ける気がするんですよね。20代後半で、ちょっと勉強してみたくなった時期だったんだと思うんで、学校は楽しくて、生まれて初めて皆勤賞をもらいました。

カト　そこではどんな勉強を？

岡田　本当に書き方から教わって、あとは課題を与えられて、たとえば「ハンカチ」という題があると、それを小

出会ったことから、ふたりの人生に転機が訪れる。

13 飛び出せ！青春　72年2月～73年2月に日本テレビ系で放送。主演・村野武範。地方都市の新任教師が「レッツ・ビギン」を合い言葉に、生徒たちと生き生きとふれ合う学園ドラマ。

14 西部警察　79年10月～83年にテレビ朝日系で放送。主演・石原裕次郎、渡哲也、舘ひろし。正義感あふれる西部署捜査班の活躍を描く。華やかなアクションでヒットした刑事ドラマ。

15 黒澤明　映画監督。43年「姿三四郎」でデビュー。「羅生門」「七人の侍」「影武者」「八月の狂詩曲」など数映画史に残る名作を残し、「世界のクロサワ」として国内外の映画作家に大きな影響を与えた。98年没。

道具に使ったシーンを考えて、それがだんだん「人の死」とか大きいテーマになるんですよ。

カト それが楽しかったたってことは、創作にすごく向いてたってことですね。

岡田 楽しかったんですよ。ただあんまり評はよくなかった(笑)。**ゼミで合評するんだけど、「軽い」っていわれ続けてました。**星飛雄馬が「球威が軽い」って言われ続けたのと同じくらい(笑)。

カト エーッ。何でですか?

岡田 当時は、みんな映画に対する思いとか、濃い人が多かったので…。同じゼミに葉山君っていう人がいて、後に黒澤明監督[15]の助監督になるんだけど、彼の作品はすごいおもしろかったですよ。彼は日常的なことを一切書かなくて、流人の話とか書いてて、極端ですごい好きでした。僕のはいちばんふつうというか、そういう意味では軽いっていうのはよくわかりましたね。

カト 最後に今後やりたいドラマは?

岡田 いまNHKの朝ドラで、昔見ていた家族ものみたいな作品に初めて取り組んでいて、すごく楽しいんですけど、朝ドラってやっぱり健全じゃないですか。だから、終わったら、きっとちょっと悪いほうに気持ちを振りたくなるだろうなと思ってます(笑)。

v a r i e t y

V 編

'95年10月28日～'96年9月28日

「めちゃ^{2}モテたいッ!」

(土)
23：30～24：00
フジ系

めちゃ^{2}モテたいッ!
フジテレビ系
土23時30分
※今『めちゃモテ』で
ナイナイの岡村くんが爆発
してる!!やられっぱなしが
似あう男・岡村の横山弁護士は
絶品だ!!
んもオ～～～
じどうしゃにィっ
乗れ。なムじゃ
なム、かあッ
ミスチルの桜井
さんのマネ
をしてマジ
におぼれ
てるステキ
な岡村さん
ボケまくる
ドイツ人・
リトバルスキー
なんと笑いのツボを
知ってるおっさんなんだ!
カメラにまで
ぶつかって
流血…
おいし
すぎる。
あかーん
ロケしてて近所の人に「10対1
でイジメられてる」と警察に
通報されたリアルな男・岡村さん
一見何もしてない
よーに思われがち
だが、最近ツッコミに
キレがある矢部くん
ツッコミスピード速し!!
横山さん
どちらへ!?
※木村拓哉の木から
1本取った才村拓哉
通称オムタク
よゐこの濱口くんの
ヨシキに匹敵する、えらい遠い方向から似せて
きたけど、すんごく
似てる!!美形
な岡村さん
オムタクへ…
モテる男は自分に手紙を書く……

no.
108

「めちゃイケ」の前身で、深夜番組のころ。過激で、おもしろかったですね。オムタクは、SMAPが司会のときの「24時間テレビ」でキムタクが自分で自分に手紙を書いてて、それをパロディにしたもの。おもしろかったけど、結構すぐ終わっちゃった。キムタクといい、横山弁護士といい、その後の岡ちゃんといい、ヒデといい、全然顔が違うのに、何か似てたんですよね。

'96年1月1日

「SMAPのがんばりスギましょう！」

SMAPのがんばりスギましょう！
'96年1月1日コンサート
SMAPは6人が無邪気に仲よさそーにしてるとこがいいなー。
中居くん顔色まっ白♪足ももう上がらないのではー…。でもセンターに来ると根性でおどるんだー
ほぼ死体？
ハァ
ハァ
ハァ…
中居くんと雪のかけ合いしてハナにつまった慎吾↓ハナ息で噴射！
ふむーッ
↑片ハナ押してあげてる
年末年始日本で1番忙しかったのはSMAPなのでは!?
◎ぴょよ～んとのびちゃったネコのように木村くんに巻きつくゴロちゃん→はじけるゴローワールドにはメンバーもウケちゃう
ぴょ～ん
◎31日にカウントダウンLIVE 午前1時すぎまでやって、1日も3回公演♪ 全11日間連続33回公演て… 死ぬぞ、マジで！ アイドル初の過労死か!? それでも楽しく力いっぱい歌い踊る君たちはエラい!! コレ見たらもー仕事で弱音はけないねぇー
番号案内のおばちゃんに時間きいちゃってさ――

剛くんの話がツボにハマってバカウケの森くん。腰痛そうだったんだけど。

↑よじれてるし。

うひゃひゃひゃひゃ
すごく疲れてるハズだがキッチリ踊ってみせる木村くんはサスガ！

6人全員がはいてたFILAのグラント・ヒルⅡモデル日本に入ってきたばっかりでは!?

no.
109

代々木体育館のところにあったホワイトシアターでのコンサートですね。このときは、すっごいよかったんですよ。慎吾君が中居君を持ち上げて、そのまま360度回してて、「力持ち～」ってやったりしてて、狭かったから、ライブハウス状態で、迫力がありました。

'94年10月17日～

「HEY!HEY!HEY!」

(月)
20：00～20：54
フジ系

HEY! HEY! HEY!
フジテレビ系 月・夜8時
なんか松ちゃんや浜ちゃんに、つっこまれたくてやって来るよーな気がするミュージシャンのみなさま。逆にSMAPとかには、ほほえましげ(?)に、つっこまれてあげるダウンタウンなのであった。そーいえばオザケンもさりげなくすげーこと言ってましたね。
さすが紅白でベンキのよーなかぶりものを郷ひろみにかぶせよーとした男！コワイもんナシか!? オザケン王子
松本さん動物とりいれた小話とか得意ですよね
←小話ってキミ…。
竜馬カットの浜ちゃん
なんかミチ乱Qと地獄絵図のよーな
お店に行ったらしー。地獄絵図っていったい…。なに!? どんな!?
ヒューヒュー
もし野球の試合して負けたらミチ乱Qの衣装着てチャンプやる約束したミスチルの桜井さん。ぜひ地獄絵図(推定H系)の店から中継でやってー
ウルフルズ・トータス松本さま
あなた様はひょっとして高嶋家のかくし子では…!?
その顔面積は内田有紀の2.5倍はあるっ(当社比)
このビデオクリップどーしても全曲見たくて、この前やっと見たー！ いかしてるぜ殿ー!!
ガッツだぜっ！

no. 110

トーク中心の歌番組の先駆けで、この番組のトークでスターになる人がいましたね。レボレボとかSーLVAとか。

このときのネタでは、オザケン家にトイレが6つあるって話にすごいびっくりしたのを覚えてます。そういえば、H Jungle with Tもこの番組をきっかけに生まれて、紅白にまで出たんですよね。

「春満開!志村けんのバカ殿様大傑作集」

(金)

19：00〜20：54

フジ系

春満開・志村けんのバカ殿様大傑作集
（フジテレビ系 3月22日放映）
※じつはバカ殿ズキのカトであーる！今回ビデオに撮って見てて気ヅいたんですが、バカ殿は早送りで見ても
笑えるっ!! 音声なくてもオチがわかるっ（床がオチたりするから）。バカ殿すでにチャップリンか!?
ゲストのダウンタウンも「バカ殿や〜ホンモノや〜」とものめずらしげにさわってたな。
ちなみに↓のダウンタウンは“殿スペシャル”とムラ酒（テキーラ+ガムシロップ+ソーダ）を飲まされて「ばあああッ」になってるところ。
やっぱバカ殿にはさからえないよな——！
殿ーーッ
ばあああッ
あひ？
田代さん&桑マンの家来にもすっかりなじんぢゃったなー。昔はじいって東八郎さんだったよねー。
松ちゃん涙目
今回のネタ傾向！
エッチ系 3本（水着 女湯など）
かぶりもの系 3本（カミナリ様 風鈴、セミ）
セットにしかけ系 4本（動く廊下 床おちるなど）
トイレ系 4本（小×3 大×1）
食べ物なげる系 1本（舟盛り など）

no. 111

このときは、ダウンタウンがゲストの回。ついこの間も爆笑問題が出てたりするのを見ると、みんなドリフファンなんだなと実感。バカ殿っていまだにやってるし、全然変わってないのがすごい。やっぱり子供の心をくすぐるものがネタにそろってるなぁと思います。

'96年4月15日～

「SMAP×SMAP」

(月)

22：00～22：54

フジ系

SMAP×SMAP
フジテレビ系月・10時～
コレがホントの
、涙のSMAP♪!? 5/27放送
森くん最後の出演になる
SMAPメドレーは涙、涙、
涙♪ いつもは司会役の
中居くんが「ハイ…」と言
ったまま絶句した瞬間
すかさずバトンタッチして
話し始める木村くんに
これぞSMAPのみごとな
コンビネーションを見たっとゆー感じっス。
だが、その木村くんも動揺
をかくせず(?)「森くん
のことをTVの前とか
コンサートとか、教室の
ひきだしの中で応援し
てるみんな…」って…。
え？ ひきだし？
…ともかく！
涙と笑顔の
お別れ。いつ
までもSMAP
は6人だ！ とカトは思います。
必ずトップに立って
がんばっていきたいと
思います
「まいったなぁ…」と
こんな泣いてる自分に
びっくりのゴロちゃん!?
「今後いっしょに
もう…」と言った
とたんに涙
の剛↓
がんばれー
えぐ
えぐっ
中居くん
涙でカオが
びしょびしょ♪
アゴから涙した
たる大泣き
必死にこらえる
慎吾くん、オトナに
なったなー

no. 112

森君がオートレースをやるために辞めますっていったときの記者会見では、中居君が巨人軍のユニフォームを着て「僕も巨人軍に入るのが夢でした」って、明るくしようとがんばってたのが印象的だったなぁ。スマスマのときは、森君が泣くのを一生懸命我慢してて、中居君はすごい大泣きしてて、ボロボロ。SMAPの仲のよさが出てましたね。それを見て、みんなもテレビの前で、涙、涙だったのでは？ カトは一生懸命ビデオ録ってたけど。

「スマスマ図鑑」

スマスマ図鑑
『SMAP×SMAP』
フジテレビ系 月・10時〜
目が輝いてる
ハグハグッ
んめーよッ!!
ビストロSMAPでどの女優さんより、激しくうまそーに食ってる人…それは中居くん!
H〇ー!!
コワムもの図鑑!?
ちょっと……
こおゆーバラエティーはたいてムプロのお笑いの人を混ぜちゃうんだけどSMAPは純粋に自分たちでやってエラム!どんどんコワレてみてくださム!!
おまえはなんだッ
マジシャン陣内くん
慎吾の顔の骨格のおそろしさがモロに出ててスバらしい!!
ちゃりらりらりり〜♪
青スジ出てるし。
でもホンモノの陣内さんが来た時は滑舌でカワいかった…
き…きてるゥ!?!!
草泉君
おでにもう今泉とはちがった剛くん独自のナニかです!!
ぴ、ぴ、Pちゃん!?
Pちゃん
やっぱ木村くん犬になっても年上キラー!!…ってなんかスゲーよ。イカすよ!
ダンナだけで満足してんのかよ?
フェロモンむんむん
お忍びマイケル
あやし〜動きのゴロちゃんマイケルけっこうリンカクやシルエットが似てる!

no. 113

続けてスマスマをネタにしていたところを見ると、やっぱり笑いといえば、SMAPになってたんですね。このほかにも、木村君の古畑拓三郎とか、すごい似てました。SMAPっていろんなタイプの顔してるから、それがたぶんおもしろいんだと思う。あとは、慎吾がやってたヌルヌルしてるキャラ〝ナギサ〟がすごい気持ち悪かったなぁ。やっぱり慎吾は異形キャラ。

「カトが目撃!こんなナカカジ」

no. 114

「笑っていいとも!」でやってた中居君の私服コーナー、本当にすごかった。特に、若いときがすごかったかなぁ。小柄で女物も着れるから、変な女物のサンダルはいたりして。存在そのものがネタになりやすいのかなぁ。貧乏とかを強調してて、それを突っ込まれてる中居君も、嬉しそうだし。ダサいとか、歌がヘタだとか、すごく思われたがってる気がするんですよね。

'96年9月29日

(日)

19：00〜20：54

フジ系

「ダウンタウンのごっつええ感じスペシャル」

ダウンタウンのごっつええ感じスペシャル
('95.9.29放送フジテレビ系)
江守さん、石立さんが演じる『ダウンタウン物語』。自分の少年時代を超ベテランの人にやってもらうって、新しい試みでは!? じゃあ 'SMAP物語' だったら、演じるのはドリフ!? 中居くんチョ〜さん? 森くん荒井注?…って スイマセーーン♪♪
まっつん
浜ちょん
なにか『世にも奇妙な物語』を見るよ〜な
シュールなツーショットでした〜♪
松本人志(8歳) as 江守徹(52歳)
→最近バラエティーブレイてるのは よっぱらうとエラムことになるのがわかったから?
江守さんのランドセル姿はコワムッスー
江守さんの重厚な語り口は まるで大河ドラマを見てるよーな 感じ!
←でも東京弁の松ちゃん
浜田雅功(8歳) as 石立鉄男(54歳)
石立さんは天パなのか? パーマなのか?♪
←浜ちゃんは ホントにこんな カッコで小学校通ってたのねー♪ 明日のジョーか!?

no.
115

この「ダウンタウン物語」はすごいおもしろかったんだよね〜。その後、「ごっつ」はなくなっちゃったんだけど、ダウンタウンのコント番組って、これしかなかったから、もったいなかったなぁ。カトは、東野がお父さんで、松ちゃんが大五郎をやってるコントが大好きでした。

「元気TVサヨナラ特番11年半ありがとう!!」

'96年10月6日
(日)
19：00〜20：54
日本テレビ系

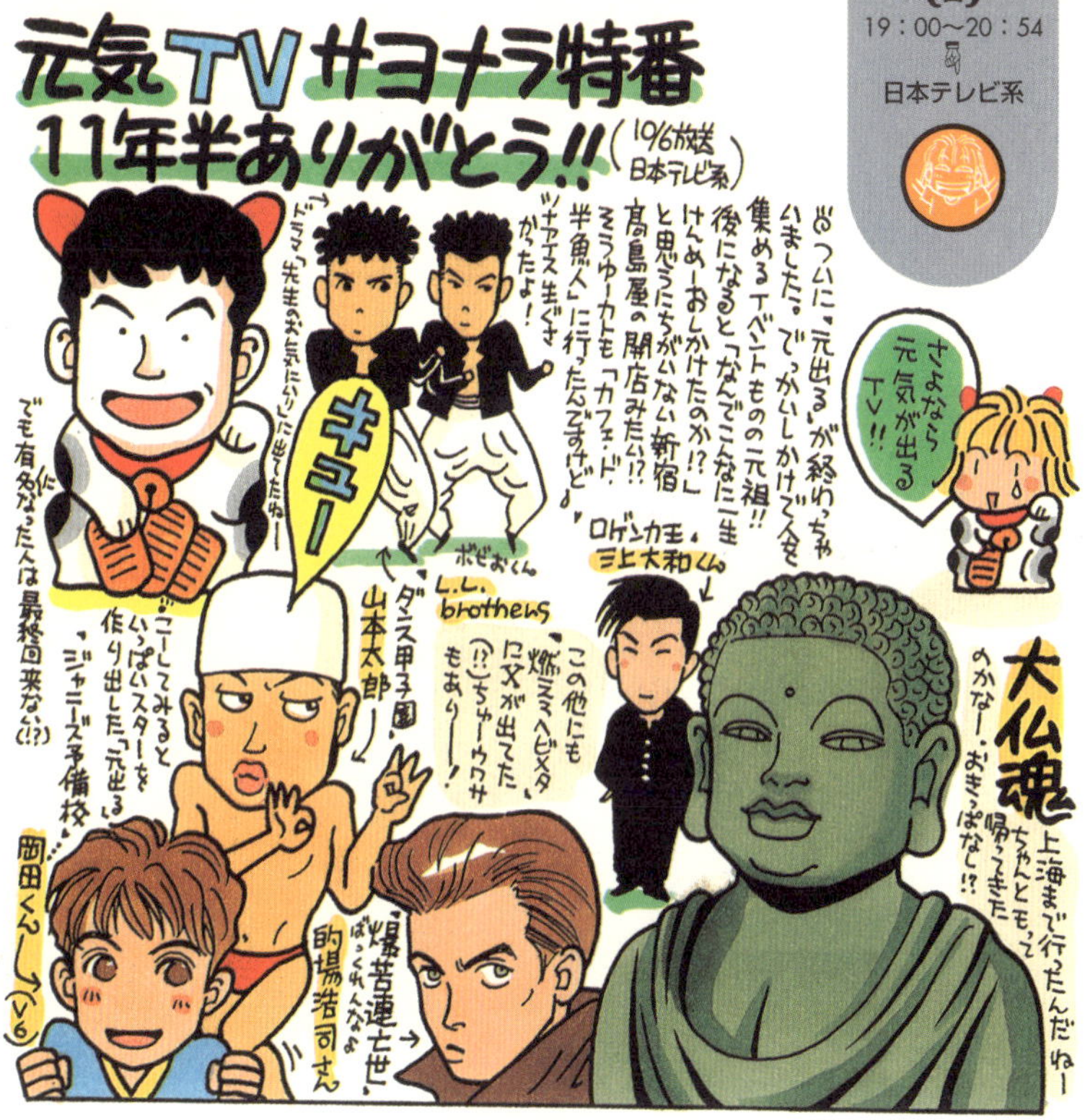
元気TVサヨナラ特番
11年半ありがとう!!

(10/6放送 日本テレビ系)

おついに「元出る」が終わっちゃいました。でっかいしかけで人を集めるイベントものの元祖!! 後になると「なんでこんなに一生けんめーおしかけたのか!?」と思うにちがいない新宿高島屋の開店みたいな!? そうゆーカトも「カフェ・ド・半魚人」に行ったんですけど。

ツナアイス生ぐさかったよ!
→ドラマ「先生のお気に入り」に出てたねー
キュー
ボゼおくん
・L.L. brothers
・ダンス甲子園・山本太郎
・ロゲンカ王・三上大和くん
・この他にも「燃えろヘビメタ」に父が出てた(!?)ちゃーウワサもあり――!
でも有名になったんは最終回来ないか(!?)

こーしてみるといっぱいスターを作り出した「元出る」
・ジャニーズ予備校…岡田くん(V6)
・「爆苦連七世」ばっくれんなよ 的場浩司さん
さよなら元気が出るTV!!
大仏魂
上海まで行ったんだねー ちゃんともって帰ってきたのかなー・おきっぱなし!?

no. 116

いまのバラエティ番組って、シロウト中心だけど、「元テレ」はシロウトを使った最初の番組でしたね。ナレーションの入れ方とかもこれから始まった気がするし。その後の「電波少年」とか「浅草橋ヤング洋品店」とかにも影響してる。

'96年10月19日〜

「めちゃ²イケてるッ!What A COOL We are!」

(土)

19：53〜20：54

フジ系

no.
117

ここに描いてある江頭は、布袋さんがCGで何人も出てくるプロモーションビデオがあって、それを江頭が真似してたときの話で、本当に怖かったです。極楽、加藤家のお父さんはいまだにやってますよね。すっかりタレントのプロモーションの場になってますけど。だけど、あの家はいつもすき焼き食ってますね。

'96年10月19日～'01年3月31日

「LOVELOVEあいしてる」

(土)

23：30～24：00

フジ系

LOVE LOVE あいしてる
(フジ系・土夜 11じ30ぷんo～)
アムロちゃんに「ガチャピン」に似てるとか言われちゃうし、ときどきやるせない顔になるのがキュートな拓郎さん。
"Ｗジャニーズ史上初メンバーを「相方」と呼びかける「キミなー」とムムKinKi！血中お笑い濃度高いせいか、トークもイケてるねー。シャエで力モクになりがちな拓ちゃんと、世紀末の最終兵器シノハラ。こんなみなさんがひとつになれるとは やっぱ音楽ってスゴムのねーー
くるくる星人には負けないマメよー！
……
弱点は男のハダカとエッチ攻撃。でもさらにくるくるしてしまう
ボクら番組がちがうマメー
ムキキィ
ぐふぅぅぅ♥
くるくるぅ
ボーズ頭に半そで！
いつのまにか、パナソニックのCMまで登場！提供を言ってるのもいわぶちくん？
LOVELOVEオールスターズのいわぶちくんカワイー!!
なにかつめものしたよーなおケツ

no. 118

この番組で、拓郎さんは復活。KinKiの2人が、ギターを拓郎さんと坂崎さんに習ったりしてて、CDも出したのはすごかったですよね。ここに描いているいわぶち君は最近見ないけど、どこに行ったのかしら?

'96年4月12日～

「ウッチャンナンチャンのウリナリ!!」

(金)
19：58～20：54
日本テレビ系

ウッチャンナンチャンのウリナリ!!
日本テレビ系
金8時～
※ウッチャンは昔、ちはると マモーミモーの歌とか出してたけど、今度は千秋。次は千夏？ なんとなくワガママそーなとこが共通ポイント？ ユニットで歌ったりピアノ弾いたり、ダンスしたり、おけいこごと挑戦！ 実録感動バラエティーって感じは
「生ダラ」に通じる日テレおとくいパターン。どちらにも出てる勝俣くん。あのビビリのリアクションはこの手のモノに欠かせません！
おぐふくれてます（文字どーり）千秋。小学生か？
ポケビは不滅だにー
ぷーーっ
ガオーッ
※スペシャルでナンチャンが探してたクリオネ ヤツは流氷の天使とかよばれてるけど、エサ食う時、頭パカーッわれてメチャメチャ凶悪!! 体長2cmだからムーけど2mだったら地球防衛軍呼ばないと!!
パタパタ
頭から何かとびでてる
ブラビは消滅なの？
南々見真也
ぶっっぶーす!!
ウドちゃんすぐ涙目。
ビビアン
裕木奈江系
ポケビ
テル…ときどき芸風がなんとなーく「浦田行進曲」

no. 119

ここで結成したポケビとブラビってどっちがCDを出すのかやってて、それで署名集めたりしてたのに、紅白にまで出たんだから、すごいですよね。このほかにも、社交ダンスクラブとかやってて、だんだんとタレント挑戦番組になっちゃいましたね。あと、「～できなかったら引退」シリーズを作ったのも、この番組が先駆けでした。

'97年4月7日（月）19：00〜21：54 フジ系

「HEY!HEY!HEY! MUSIC AWARDS」

HEY!HEY!HEY! MUSIC AWARDS
フジテレビ系
4/7オンエア
最優秀調子のってんちゃうん賞…猿岩石
「全盛期のぼんちを見るようですね」という松ちゃんのコメントに「ありがとうございます」と頭下げてしまう猿岩石……。それでこそ猿岩石？
いやーーいーっスねーレコ大とったアムロちゃんがファンキーモンキー賞！（しかもノミネートされてんの北島三郎、久保田利伸、織田裕二！）ほしくねーだろみんなっ!! しかも松ちゃんいわく「風水的にかなり悪い」トロフィー。貧乏神か？これ…。
松本隆博賞…南こうせつ
さすが松ちゃんの兄→
よりめだってた
なに絶賛しとんねん
弟・人志の「あんた、おもしろい」の声に
こらしめてやりなさい
ペプシマン大賞&つくね大賞
松山千春
最優秀ヤバイで賞
川本真琴
ヤバイと思ってました。トークになるといつも「私が私が」って言う「私が大catch」？
ベストヒーローキャラ賞
シャ乱Q
マッチョな着ぐるみのたいせー！
ケンシロウかと思ったらムキムキ拓哉"ムキタク"らしい…
ムキッ
ぜひこれからは大みそかにやってほしーっスね！レコード会社もこの賞とりに燃えてほしー

no. 120

猿岩石が出てたんですね〜。いまは「最優秀調子のってんちゃうん賞」そのままな展開になってますね。ダウンタウンのやる気があるんだか、ないんだかわからない司会もいいですね。

「NTTサンクスフェアのCM」

NTTサンクスフェアのCM
1度だけロングバージョン見たんだけど、最後に慎吾のセリフが入ってるのネ
ど〜りでいつも慎吾がカオを上げて何か言いたそうにしてたワケだ。でもなぜオカマことば!?
@SMAPせいぞろいのNTT CM いーっスねー！岩井俊二カントク!!
特にこの走ってるショットが岩井さんぽい@
剛くんはなんて叫んでるの？「モスラだー」？？
岩井さんSMAPで映画(orドラマ)とってくれないかなあ
ゴールインした時あやしい動きをしてる中居くん
お茶入ったわよー
で香港大夜総会がぬけてませんぞ!?
@こちら木村一耕助編
スマ子夫人とかなんとなくスマスマっぽい。木村くんの古畑、松田優作につづく探偵モノマネシリーズか!?
おーしーえぬ
OCN!
「教えぬ」
→「これがOCLだと「教える」になって探偵さん助かるんですけどー。ところでOCNっていったい何？ISDNの友だち？

no.
121

SMAPってずっとNTTのCMやってますね。最近ではガッチャマンになってたし。このときのCMは岩井俊二が撮っていて、映画みたいな青春ものだったのが印象的でした。でも、これって関東限定CMかな？

'97年4月11日〜

「ぐるぐるナインティナイン」

(金) 19:00〜19:58 日本テレビ系

◎日本一催眠術にかかりやすい男・矢部ちゃん！またも「岡ムーがカウントダウンすると爆発してしまう」という術にかかり、「ボクあぶないっスよー!! はよみんな逃げて〜〜っ」と必死の形相で公園をかけ回ってんの↙
5、4、3、2、1ゼロ
矢部ちゃん
バーン!!
ぐるナイ
ぐるぐるナインティナイン
（日テレ系 金7じ〜）
◎だれが一番不健康でしょう？と、人間ドックをうけるナイナイ&TOKIOの国分くん。矢部くんは脳にスキマあるし（だから催眠術にかかりやすい!?）国分くんは直腸検査で痔だなんて言われるし、岡ムーは下からバリウム出ちゃうし（腸短かい？）。今や内臓まで笑いをとれる時代？
何度もバクハツする矢部さん。バーンってとぶだけですが
TOKIOってなまじなお笑いさんより体はってるよな
あうっ
アイドルが直腸検査公開する時代ふか〜〜
岡村キノコさん←頭のてっぺんからケムリ出るなり
◎「ぐるナイ」は夜7時からなんだけど、なんか深夜ノリで楽しいぞ…。特に催眠術にかかる矢部くん。真顔で白鳥の湖踊ってしまったり。キミひょっとしていいひとちゃうん!?

no. 122

このころから「人間ドック」とかやってたんですね。国分君もいまやすっかりレギュラーになって。でも、いまは何といっても「ゴチになります」ですね。

'97年7月1日

「香港返還の日」(火)

香港 返還の日
6月30日深夜の香港は気温28℃ 湿度90％!! うっわーめっちゃムシ暑そう!!
ってことでフジテレビキャスター安藤さんのヒタイテカってましたー
おとなりの国のことながらついつい さわいじゃう日本人なのだ——
返還関連の番組の中でいちばんおもしろかったのは「香港ひと月住んで…越前屋俵太返還直前報告」っス。
香港中をかけまわり、コケまくる俵太さん。（←そのコケっぷりは香港でもウケてた）中国本土から泳いで香港に渡ってきたという不動産屋さんの話はマジすげー!!
あの式典会場カトが3月に香港いったときはまだ竹の足場組みだったのにまにあってよかったー
日テレは金城武くんのインタビュースリ特番・でもちょびっとしか出ないの〜—・ちえ——。そもそも台湾生まれだろ——
ヤケに風が強いところにいると思ったら……
ココでした
もちろんプールにおちるお約束
（返還は香港映画界にとって）いいかもしれないし悪いかもしれない
どっちだっ
欽ちゃん歩き!?
式典で目がクギづけになった中国兵の歩き方き…欽ちゃん!? なんで!?、でもカオは大マジなのねーん
ザッ ザッ

no. 123

私の好きな越前屋俵太がレポートしていて、期待通りプールに落ちてくれたのが嬉しかった。返還直前にカトは香港に行ったんだけど、セレモニーをやるコンベンションセンターがまだできてなくて、ギリギリになるまでやらないんだと妙に感動した覚えが…。このくらいから、アジア・ブームが来てましたよね。

「金曜テレビの星！ロンブーが日本で世界で命がけ激撮！他では見れない超スクープ映像カウントダウン100!」

'97年9月5日（金）19：00〜20：54 TBS系

金曜テレビの星！（TBS系・9月5日放送）
ロンブーが日本で世界で命がけ激撮！他では見れない超スクープ映像カウントダウン100！
タイトル長いがロンブーの出番は!?
祝!!ロンブーゴールデン初進出
…と思ったんだけど、コレって番組？　いちおーロンブーとゆーか、衝撃映像もクマにおそわれたり、コウモリの洞くつ入ったり電波少年してガンバってますがー。
実はこの部分がメインなの!?
この次はぜひ衝撃ガサ入れ映像
も…ってそれはTV局ちがいますね。しかも東京ローカル（↑でもおもしろいのでぜひこちらも全国化希望ー）
↑でばってるカウントダウンTVキャラ
♪あるーひ森の中あ
ガサ入れだっ
こわっこわっこわっうわ〜〜っ
あっちゃんの命令にスナオすぎる亮ちゃんはたびたびクマに食べられかける。
決して自分はコワいものに近づかないビビリなあっちゃん
知らなかったクマがカメとマシュマロ好きなんて…
どんどん体はりまっせー!!
←厚さ3ミリ
メカタートル16

ロンブーは「ガサ入れ」で注目されて、どんどん出てきましたよね。亮ちゃんは大阪出身で、イントネーションが関西なんだけど、ほとんど標準語なのは、淳が下関の出身だったからかなぁ？　亮ちゃんのほうが年上とは思えないくらい、おバカちゃんなところがいいですよね。でも、いま思うと、ナイナイの次に来たのは、ロンブーでしたね。

no. 124

'97年9月9日

「平成9年9月9日ナインティナイン・ライブ」

(火)23:00〜24:39 WOWOW

平成9年9月9日
(9/9 WOWOW)
ナインティナイン・ライブ
「鉄人の逆襲」
ナインティナイン初の単独ライブを、その日のうちにWOWOWが放映！ちゅーわけで1時間45分間、ふたりのコントがテンコ盛り。ある時は、ひとりっこで自分が刑事であることを親にかくしてる岡村くん。一方、ある時は永久にシュートがきまらないバスケ選手ロビンソンの矢部くん。ライブ終了後、矢部くんが「ヘンな汗いっぱい出ました」というように、ネタがアドリブで流れてっちゃってアセってる場面もあったけど、TVでやらないことをやろう!!という心意気がいいぞ。でも矢部くんが催眠術にかかってる姿をナマで見たい気もするなり。
記憶に関する医者と患者コントもあり。ちなみに岡村ヒロシさんが今までで一番多く言われた言葉は「誰？」多く言った言葉は「オレ、オレ」
地球ってあの鉄人・衣笠がいる!?
こおゆーカッコさせるとピカイチ
ムジンくんくらい地球通のオカムラ星人
なんでぇ衣笠…
ロケットがつい着して、ドリフのコントのようなベタな家（実は秘密基地）に迷いこんだ宇宙飛行士ヤベさん

no. 125

コントをずっとやってないんで、コントをやろうという感じで、ナイナイは確か毎年ライブをやってるんですよね。意外と岡村は生真面目だから、将来のことを真剣に考えて始めたんだと思うけど。でも、やっぱりコントをテレビでやらないのが残念かも。

'97年9月30日（火）
21：33〜23：24
日本テレビ系

「PUFFYのドラマ ワイルドでいこう」

no.
126

PUFFYはドラマに出ても、やっぱりPUFFYで、ずっとダラダラしてました。PUFFYってデビューのときはTシャツにGパンっていうラフな格好だったからよくわからなかったけど、よく見たら、2人ともすごい美人なんだよね〜。花＊花とはわけが違うみたいな。かわいいから、ダラダラしててもかわいいんだよね。まだレボレボと結婚する前だったんだけど、2人が結婚して驚いたのは由美ちゃんがレボレボと変わらない背丈で小さかったこと。

「イケてるバラエティーキャラCHECK!だっ」

イケてる キャラ CHECK! だっ
バラエティー
「学校へ行こう!」より
少年オカダ"
岡田くんの集中力にゃおどろき〜・早くお父さんになって「しあわせ家族計画」に出るとよし!
ピカイチです
光ちゃんのおやじっぷりバクハツ!
おでこ全開
髪形かえたけど
ピカイチはどーするの?
「Gyu!と抱きしめたい!」
男〜それは愛♪
愛ゆうき(木村くん)みたいな男役ぜったいいそうですな! しょってるハネをもっとでかくしてほしいっス
竹の塚歌劇団♡
SMAP×SMAPより
なんとなくジャニーズとヅカファンってかぶってるよーな気がする
やっぱガチャピン 100万ガット?
キャラといえば一度でいいからガチャピンとヒャックマン対決してくんないかなーー?
→白ぬりのせいでしょーか?、シンゴのハナの穴すごくめだつ。黒ぬりしてないよね?
コギャルの赤鬼
ホントにスミのよーに色黒!!
『松ごっつ』の鬼ババコーナーに出してみたい。

no.
127

スマスマの竹の塚歌劇団はいいよね〜。またやってほしい。木村君には羽背負って、出てきてほしいから、1回、竹の塚だけで1時間やってくれたら、いいのにニャー。実際舞台でやってくれたら、見に行く人も結構いると思うし。だけど、このときは女装の慎吾は怖かったけど、慎吾ママはきれいだから不思議。光ちゃんはこのころいろんな免許をとりまくってましたね。そんなに一生懸命勉強してなさそうなのに、ちゃんと受かって、エラかった。そういう集中力みたいなのは、少年オカダにも言えるかも。

「CMあやしい!?キャラ集合!!」

CM あやしい!? キャラ集合!!
ひぃぃぃぃぃっ
ちゅーっ
『バランスアップ』のCM
ぜったいこいつ何か吸ってる…生気?
◎今いちばん気になるのは「ちょいペコ」ですな。いったい何者? 触手で巻きつけて何か吸いあげるようなその顔は!? 君が巻きつくから「ちょいペコ」になるのでは……!?
ニャンまげ以来のショーゲキなり!
犬っぽい。実はワンまげ?
←日光江戸村のニャンまげ
◎NTT98電報で「結婚おめでとう」の電報を送る草彅くん。問題は「誰から?」ときくダンナに「ずっと好きだった人…」と答える花嫁だ。成田離婚しないか心配です……。
ターンターカターン♪
◎ドラマではむっちゃ二枚目な金城くんもCMはおちゃめ度高し。しかし、ダースの12っ子って……。武以外はなんて名なのか知りたい。金城おそ松とか……。
やあ武!
◎ジャックスカードのCM。加藤晴彦くんがお坊さんでヅラと服買ってクラブへ行くヤツなんだけど。ボーズの中に爆笑問題いるよね!? 太田っぴはタオル巻いてるからみつけやすいんだけど、田中の方はミミで探すのむずかしい……

no. 128

この「ちょいペコ」は絶対何か吸われてる感じで、怖かったなぁ。ニャンまげは、「ニャンまげに飛びつこう」って歌ってるけど、実際に飛びつくと怒るらしいです。ボーッとしてるところに飛びつかれると、危険だから。実際にCMでも飛びつかないでくださいって注意が流れてるらしいけど。金城君は、この12つ子をはじめ、CMでは徹底的にお笑い系ですね。

s p o r t s

S 編

「春！スポーツ満開!」

春！スポーツ満開！
いろんなスポーツが始まってカトもわくわーく!! で、気になる選手をチェックだ！
出場停止のVSイラク戦客席で見るゾノ↓
海辺にたまてる不良のよーなテカス！
コレが出る頃にゃーサッカー五輪アジア予選は終わってるのね。ムハ… 何もゆーまい……。
イラクにおどろいたのは攻撃でも守備でもなム ヒゲですね
サッカー
中田英寿(19歳)
(ベルマーレ平塚)五輪代表
←19歳にしてこのポーカーフェイス！
なんでキミはそんな冷静なの一
シブいプレイがニクい奴！
ちょっと野島伸司さんに
カオが似てるよーな…!?
F1
ジャック・ヴィルニューブ
(ウィリアムズ・ルノー)
(24歳)
走る遺伝子！
セナなき後、ひさびさ胸さわぎの新星登場でフジテレビも大喜び!? 伝説のドライバー故ジル・ヴィルニューブの一人息子。
ムヤ～もう速いよ！ うまいよ！ スゴいよ コレー
↑ちょっとクリスチャン・スレーターっぽい眉。
牛乳好きで、時々口のまわりが白いぞ！
なんか ひたいのあたり ヤバいかもしんないが…！
野村親子
(ヤクルト・スワローズ)
野球
近鉄のお笑い佐野投手のピカピカ投法(↑ハゲ利用)もチェックだ！
カツノリより沙知代夫人のがめだってるぞ。
「笑っていいとも」のレギュラーになるんだってね。
コワいね。
競馬
福永祐一騎手(19歳)
福永洋一さんの息子史上最速の10勝だ
おじさんたちの声援が多くてほほえましい。

no. 129

ヒデは、まだしゃべらないころじゃなかったから、こういうコメントがよくて、カトはそこにすごくひかれてたんだけど。福永君はノリさんが競馬ファンだから、とんねるずの番組とかにも出てましたよね。ヴィルヌーヴはちょっと変わってて、モナコのコースをゲームで覚えたとか、趣味がピアノとか、カイリー・ミノーグの妹と婚約してるとか、将来はコンピュータ・プログラマーになりたいとか、新人類って感じ。心配したとおり、このときよりももっとはげちゃいました。

'96年7月19日〜8月4日

「アトランタオリンピックサッカー観戦記」

アトランタオリンピック
サッカー観戦記
IN マイアミオレンジボール
IN オーランドシトラスボール
@わーおっ
この目で見ちゃいました
日本がブラジルに勝つの!!
オレンジボールスタジアム
4万6千人中4万人ブラジ
ル人。もう試合前から勝
ったも同然のサンバでカーニ
バル状態。さらに練習すら
でてこないブラジルチーム…と。
(え?日本との試合が練習!?)
このナメきった空気にスコーンと
一発お見舞いしてくれた五輪
代表ありがとう!! GK川口く
んにエアバッグがついてたおかげ!?
前園真聖くん
ハンガリー戦の逆転の一発
は、さすがゾノ!! 最後
客席にキャプテンマーク
投げこんでたネ。
ブラジル戦のコメント
ボク自身は勝つつもりなかったんですが…(笑)
中田英寿くん
中田くん、涼しげなカオで出す涼しげなパス…どんな
ピンチでもホッとできるんよ
…いつもひとり涼しげな
よ〜
アステルのCMの
空港バージョンで、ゾノが
ピーしてる女のコは、なぜ
タクシーの中にギュー
ギューづめなんで
しょう!? おっかけ!?
おうっ
口からソバ
出そうだし。
中田くん
CMの方が
あがってる?
フィールドとCMでは
まるっきり顔が
ちがうヨシカツ→
演技もかたいが守り
もカタい!!
来ーいっ
ハい

no.
130

当時のラ王のCMでは、前園コートプレゼントしてて、ヒデはまだ下っ端だったんだよなぁ〜。飛行機でコンビニに降りるバージョンでは、ヒデが木にひっかかって、「そのー」って叫んでたのが印象的でした。で、このときのブラジル戦では能活君がブレイク。熱い男ぶりを発揮してました。

'96年9月23日

「祝!!イチロー優勝!」

祝!!イチロ優勝!

'96.9.23 神戸グリーンスタジアム
ムやーーイチローうれしそーだったね! なんか顔が子供に戻ってはしゃぎまくり。やっぱプロ入り初のサヨナラヒットで優勝キメちゃうとこがスゴムっス!! 持ってる星がデカムっス!

でも夜のスポーツニュースではムつものポーカーフェイスでダンゴ食ってたよ(←TBS)。

カンケーなムけどオリックスの田口選手は130Rの板尾に似てるネ・
D.JはF1のヒル似・小林は右京似。中島は佐野史郎似・
ダジャレず、には、ムられなムのか!?
イチロハワイ
若大将〜
ハハハハハ…
自然とガッツポーズが出ました 22年間生きてきましたけど初めてです!
←岩崎恭子ちゃんみたいなコメント
ムまだかつてこんな演技派の野球選手がムたでしょーか!?
@ご優勝の瞬間のチチロー(スタンドにムた)どうやらケータイかかりまくってたようす。
スポーツ新聞って独特な表現するよね
「巨漢ニールにハネムーンの花嫁のように抱きかかえられたイチロー」って…あやしーよ。
「仰木のセンスでウチワ話」そのも…
「ネッピーハッピー」ってのは…
BlueWave
51

no. 131

グリーンスタジアムに行ったんですけど、すごい田舎で、何もなかった。でも、きれいなスタジアムでした。イチローの出現は、野球観を変えた気がする。もう金のネックレスじゃない、水晶のブレスレットでもないみたいな。あと、

それまではソックスをズボンの上にあげてたのが、やらなくなったし。イチローがかぶってたんで、ＤＪホンダの帽子も流行ったよね。でもやっぱりイチローはひげじゃなくて、さわやかなほうがいいな。

「戦え！全日本商事!!」

戦え！全日本商事!!
◎サッカーW杯アジア一次予選3/23スタート！
◎どーも今回の日本代表の人たちってビジネスマンぽくない？約束ごとをキッチリこなす戦術（ゾーンプレス）のせいかもしれないけど…あんまり個性ないっちゅーか、アゴ細いっちゅーか（←カンケーないか）。でも、サラリーマンは日本人に一番むいてる職業!?こーなったら名刺交換攻撃や、ケータイかけまくり攻撃（どんなん!?）をあみだして24時間戦え全日本商事ー!!
がんばっちくれーニッポーン!!
◎山口“眉間にシワ”素弘
NHKのスポーツニュースにゲストで出た時のスーツ姿はまさにエリートサラリーマンそのもの!!どんなに笑ってても眉間のシワは消えず。W杯出場を決めれば消えるか!?
◎ひとよんで「日本一腰の低いJリーガー」
森島“いいひと”寛晃
顔は南アジア系。タイあたりと試合するとどっちの選手か見分けつきにくし
ちっちゃいけどスピードあり。
サポーターは「モリシ」と呼ぶが、代表でのあだ名は「チビ」…そのまんまやないか!!
全日本商事 山口素弘
走る野人 岡野
ぴゅーっ
どーも面長の人が多い…
そういうわけでひとつヨロシクお願いします!!
ハイッ今すぐ直行します
◎名波“私の彼は左きき”浩
代表の10番でもあだ名は“ナナ”。みんなにパスを出すだいじな役職。日本にはめずらしー左きき（←不足）だ。ふだんはとりとめのないカオしてるけどフィールドに立つとモテそう…。

no.
132

このころって、きっとまだ中田君とかが入ってないころで、当時の日本代表で生真面目な感じでサラリーマン・サッカーって雰囲気でした。きっちりすっきりさっぱりみたいな感じで、弱そうに見えましたね。いま振り返ると、結局、岡野が決めるとはって感じかな。

でも、岡野は走りがものすごく速くて、そのころから走ってるだけで、観客がわいてました。でも、よくボールを追い越したり、ボールの代わりに自分がゴールに入ったり、線審倒したりしてました。

'97年9月28日

「フランスW杯　行け!たのむっ行ってくれ!!フランスへ…」

フランスW杯アジア最終予選
行け! たのむっ行ってくれ!!
フランスへ…
ま…負けた…
◎9月28日、日韓戦
行ってきました……。
「うわあああ、なんでじゃああああ
っー」叫びを、試合後25回
ほどくり返してしまいましたとも。ピンチ
になる直前、競技
場のかなた
新宿
方面
の空
に
稲妻
が走り、
逆点されるとすかさず
大粒の雨が…。ボーゼンとしたまま
焼肉食いに行っちゃったよ、…って、オレらが
パワーつけてどうするよ。
韓国のテレビでは日本のこと
「永遠の格下」って
言ってたよ。日本バミリか？
ああ、この借りは必ずや
アウェイで返してくれっ
そしてフランス行こうよ!!
← そういえば
4年前のドーハの
悲劇は10月28日。
もう28日にサッカー
するのはよしましょうや…
← 呂《ろ》比《ペ》須《す》、ワグナー
（ちょっと中国人みたいな字）
ロ・ヒースー
早く代表初ゴールキメてね!!
アレを止めろって言うんですか？
能活もグレてます
← 客席のこの辺茶色いと思ったら、みんなハダカだった

no. 133

これは日韓戦で負けたときですね。こんなにいっぱい描いてるのを見ると、カトがはまってたのもあるけど、世間的にも盛り上がってたことでしょうね。この試合の後、焼き肉屋に行ったら、隣で韓国の人が盛り上がってて、もう片方では地方から来た若者がいっぱいの買い物袋もって「きょうは充実してたな〜」って話してて。それを聞いたカトは充実してていいなぁ〜と思ったのをすごく覚えてます。

「行けた!行けたよフランスへ」

フランスW杯
アジア第3代表決定戦 VSイラン 97・11・16
行けた! 行けたよ
フランスへ
やったぜ 岡ちゃん!!
その瞬間、岡田監督は、野人・岡野よりマッハなスピードでかけよってましたな!! 真夜中だっちゅーのにオレらも絶叫しちゃった、近所のみなさんスイマセン♪
思えば長かったこの2か月…。UAEとホームで引き分けたあたりじゃ思わずさだまさし歌っちゃったくらい。「フランス行ける? たぶん行けると思う。行けるんじゃないかな。ま、ちょとカクゴはしておけ〜♪」ムヤー
このイラン戦もVゴール勝ちなどとゆーあまりに劇的な展開。ラッラッこれでオレも仕事にうちこめるってもんだ!
『野人がフランスへの切符をもってきたああッ』
by長坂アナ
TO FRANCE
キーーッ
ついに ついに キメたぜっ
三つ編みが入ってて おしゃれな 野人!!
なんで帽子が アトランタやねんっ
Atlan
やっと眉間が晴れ いちサポーターのような カッコしてる 能活なり
延長後半 GKと激突してクラクラしてた城をはげます→
中田くん、クールっていわれてるけど試合ではリーダーシップ感じたよ!
でも集合写真の時うしろでしゃがんでかくれるのはやめろって!!
↑喜ぶ顔をひとに見られたくないのか

岡ちゃんがあんなに全国的に有名になるとは。岡ちゃんは、外国人が描く日本人みたいな顔でしたよね。ここに描いてある中田君が脳震盪を起こした城を励ますシーンは、乙女たちのハートを打ち抜いたハズ。

no. 134

　この日の岡野ははずしにはずして、最後に決めたけど、もしあのまま負けてたら、そのまま走り抜けて、マレーシア人になろうと思ってたと思う。

'98年2月7日〜2月22日

「長野オリンピック 今世紀最後の冬期五輪なのだ」

長野オリンピックなのだ
今世紀最後の冬季五輪
※それにしてもめっちゃサブい開会式でしたな。伊藤みどりさんもあんな小林幸ちゃんみて〜!な衣装着るなら電飾つけろっちゅーねん!!
「白いハトの形の風船が飛びます」って
↑ギョーザにしか見えへんっちゅーねん!!
などと言いつつ、まったりと、カーリングなど見てしまう今日この頃。
ふだん見られないシブい競技がいいっスねー。
2人乗りリュージュとか仲悪かったらイヤだろーなー…
お腹を頭でグリグリされたりして…
スピードスケート 500M 清水くん 金メダルおめでとー!
→しかし表彰台ではでっかいカナダ勢にはさまれて、まーさーにとらわれた宇宙人状態!? こんなでかい人たちに勝つなんてエラい!!
気になる五輪CM
マクドナルドのCMでジャンプと共に鼓動と心電図がうつるヤツ。
ドッキンドッキン
ツー
コレ、飛んだ瞬間、心停止してないか? 息を止めるならわかるけど心臓止まって大丈夫!?
細眉ヤマトくん↓
本田くん
男子フィギュアはやっぱいちばんミーハーっぽい!!
クーリック
キャンデロロ
ストイコ頭でけー!! 首が太くてペンダントきつそう…

no. 135

このときの注目は、清水かな。金メダルのごほうびで、藤原紀香とデートしてたし。ジャンプでは原田が泣いて何いってるかわからなくて「よかったよ〜。みんなが、みんながね」っていってたのが印象に残ってます。しかも、団体では原田が1回失敗しちゃって、ドキドキしてる中で、船木がとんで、ドラマがあったなぁ。あと、モーグルの里谷とか、上村とかもかわいくて、注目されましたよね。

「World Cup'98前夜祭」

World Cup'98
ウパー
前夜祭
イーッ
思わず真夜中に口あんぐりなシュールな世界！どこがん杯やねん!?でもついつい描き心をそそるキャラたちなのだー!!
カトのお気に入りハンギョドン？
ナイナイ岡村似のアフリカの巨人さん
キュートな植木くん
ホホホホ男爵夫人ざます－
シルエットが「マーズ・アタック！」のおねーちゃんみたい。
まったくー12億もかけてこんなモノ作っちゃうフランス人て…。それよりチケットなんとかしろーっ
だからなんなんだキミたちっ!!
いつもカメラ目線なおっちゃん
赤カブなんじゃないよ
ハナでーす
妖怪大戦争ちゅーか、みんな『仮面ライダー』のワルモンですか──!?
フランス版目玉おやじちょっとグロ…
この中車
ほとんど『世界まる見え…』のタケシのかぶりものとかわらない…

no. 136

NHKではうじきさんがレポートしてたんだけど、「助けて～」みたいな状態でした。それは、キャラがみんな仮面ライダーの悪者怪人のようだったから、しょうがないんだけど。カトも気になって、メモっちゃうくらい変でした。そういえば、アルベールビルのオリンピックの開会式もすごかったたし、フランス人にとってはどれもパリコレみたいなものなのかなぁ。

'98年6月10日〜7月12日

「COUPE DU MONDE」

COUPE DU MONDE
フランス語で ワールドカップの意.
発音は「クープドュ モ〜ンド」ざんす.
スポーツ番組にゃ濃すぎるカオ
日本はトレビアーンな戦術をとりましたな
FRANCE 3チャンネル ワールドカップダイジェスト番組のキャスター。長谷川初範似。連日生放送で、日々ヤツレていくのが気になるなり。
●中にはサッカーぎらいの人のために、この番組はサッカーなしよって表示↓を出す局も…。
0%
現地のTVでも毎日ワールドカップでもりあがってたっス
行ってきましたーーっ おフランス
アルゼンチン戦のスタジアムでTF1チャンネルの解説をする元・グランパス監督ベンゲルさん(フランス人)発見!!
サッカー無名国ジャポーンの事情を唯一知ってるフランス人って感じ。
日本のスーパーサッカーみたいにドゥンガの激怒シーン大特集やっててておかしー!
ジュビロだけじゃなくブラジルでもマジギレなのね
日本サポーターにかこまれサインをねだられて大変!!
われもわれも…
倒れこむ相馬…
城のオーバーヘッド…
そして歓喜するスーケル…
日本VSクロアチアのダイジェストスロー映像のBGMは『戦場のメリークリスマス』
なんかめっちゃ悲しいメロディーでよけいにへこみますわ…
くすん

no. 137

このときは大変でした。フランスに行く2日前に突然「チケットがなくても行きますか」っていう電話がかかってきて、それを夜7時までに返事してくださいみたいにいわれて…。で、フランスのホテルについてから、「明日の試合の抽選をさせてもらいます」といって、5枚のチケットをめぐって抽選して、それで当たって、カトは行きました。当たらなかった人は現地の特設会場のテレビで見てました。クロアチア戦では視聴率60・9%もあって、これはサッカーの試合の最高視聴率なんですよね。

ちかごろのTV
タッキ～制服の歩み
滝沢秀明
さて恒例 近頃のTVでカトが気になる人々をチェックだー！
大好きな大仁田と共演できて大カンゲキ
お好み焼き屋つながり
'97『タイムキーパーズ』
なんちゅーいたいけなお子ちゃまタッキー!!
コレでもいちおー中3の役
'99『魔女の条件』
たった2年でこんなに成長～～!!
もう先生との恋愛もバッチリっス
まだ夢見てるのかな……先生がこう言うんだ
「あなたなんかスキじゃない…スキな訳じゃない」って…
ちがうわスキよスキスキ
図書館でナナコ先生と初チュー♡けっこう激しいチューでビックリ!? ナナコに押し倒され気味。
'00『太陽は沈まない』
骨格がめっきりシャープに
母の死の謎を追求する正義感あふれる少年。硬派っぷりは素のタッキーに近い？
'01『ストロベリー・オンザ・ショートケーキ』
度なしメガネで素顔をかくすナイーブな少年っー今までにない役どころ。ヘアスタイルも寝ぐせっぽい。
だから君を忘れないよ……
'98『ニュースの女』
キャスター保奈美にひきとられるワーくなおぼっちゃま
今見るとまだあどけない感じ。深キョンとは、ここで初共演。
ブレザー編
アイホ部

窪塚洋介
『少年H』男ねえちゃん
このドラマは子供たちもすげーよくってマジ泣けるっス
なんつってもカトが窪塚くんにハマったのはこのドラマ!!
ドラマの中だけでなくほんとに実在してそこに生きてるように見えるセンサイなツカっちの演技
Hくん映画は夢や
『雨ニモ負ケズ』の詩を語るシーンは号泣必至！
※子供たちから「ほんとに男っ」とうたがわれてる男ねえちゃん銭湯での色っぽさにHくんもドキドキ!?
カポーン…
なぜか入浴シーンが多いツカっち!!
※それはやっぱり体が美しーから!?『リップスティック』でもシャワーシーンですっぱり脱いでたし、『卓球温泉』（映画）でもおフロシーンあり。あなたは男・由美カオル？（古…♪）
そしてフムたサウナ屋の息子に!!
オッス！おらタカシNOオヨロシクなーっ
『池袋ウエストゲートパーク』キング（安藤タカシ）
※いまだかってこんなにキュートなギャングがいたでしょーか!!つーツカっち大ブレイク作。終盤「ブチッ」と手してからの変貌ぶりがまたイカしてたよ！いつかもーーれつにワルい役もやってほしいなり。
← 戦闘モードに入ると髪が寝る
どんどん来ーームッどんどーーん♪
↑口調もキッパリ背すじもシャッキリ

ディープキャラ列伝
田辺誠一
『ガラスの仮面』
・田辺ディープキャラの幕明けは、なんつってもこの人!! 紫のバラの人こと速水真澄♡
やあ 何か用かな? おチビちゃん
いやー女子高生をおチビちゃんと言っていいのは田辺くんだけ! 言われていいのは安達祐実だけ!
ちなみに舞台版のマヤは大竹しのぶ 速水は川崎麻世だった
『月下の棋士』名人・滝川幸次
まさに原作のイメージそのまま!
私は神に愛されし男……
で自分をいましめるためにテメエの腕をかみ切るっつーまったくもってハンニバル(?)なエキセントリック名人を熱演!
メロンのように甘いあま〜い愛を届けるプリンスメロンくんだよ♡
えぇっ
『フードファイト』のプリンスメロン様こと加賀見俊介
この他にも『らせん』では研究者 実は恐怖の大王(オイオイ)で、最後には爆死。『恋の奇跡』では葉月を整形するクールな謎医者でしたな。
しょっちゅー目をシバシバさせるこれでもかの役作り↓
そしていつもより瞳孔開き気味
恋人募集中さ♡ キラ〜ン!
ククク
ウキャ♡
コレからもどんどこやっちゃってください!! 田辺くんっっ
キャ〜〜 プリンスメロ〜ン さま〜♡
「チャンプ」と「ジャンプ」をカンちがいしてとびはねた時にゃー腰ぬけるかと思いました。御曹子だったのに草彅くんとの焼鳥対決に敗れて一文無し↓屋台ラーメン「俊ちゃん」になる振り幅のデカい人生…。

トリック
阿部寛
&
仲間由紀恵
※『TVの嵐』から『週末婚』まで幅ひろ〜い芸風の阿部ちゃん。つかさんの『熱海殺人事件』で巨大なチャイナドレス姿を披露して以来、みごとなキレっぷりです！
※特に『トリック』における上田(阿部ちゃん)&山田(仲間ちゃん)はドラマ史上に残る最高のすっとこどっこいコンビネーション♥
ポケモン島？
↑黒門《コクモン》島です。
鬼いっきりフシギちゃん爆発の笑い。ちなみに母(野際さん)もこの笑い。黒門島の人々もこの笑い…。
えへへっ◎
カワイイ顔して大暴言がサディスティックでたまりません。
バカ上田。
最後までヅラの下が謎で気になる〜生瀬さん
刑事はカタツムリ牛鍋と書いてカタツムリ
↑ちがいます。
貧乳。
↑ひとりでツイスターゲームを楽しめる男
巨根。
わらびモチと牛乳好き ピ〜ンチになるとソク気絶。
ぜひパート2が見たいッス!!

深田恭子
※『神様、もう少しだけ』といい『to Heart〜』といい、恋に直球・一途な役をとことんきわめてる深キョン。
『TEAM』のスペシャルで一見フツウ、実は家庭内暴力や殺人すらしていた女子高生というう難しい役を好演して印象的！
←『ストロベリー・オンザ・ショートケーキ』の唯
君のニセモノは死んだよ♪
↑とタッキーに言う
男のコに「キミ」と呼びかけるあたり、男のユメっつーかマンガっぽいっつーか。ふつー年上の男のコト「キミ」と呼ぶ女のコなんていないって！
白目むくまくり
映画『リング2』の深キョンの死に顔に女優魂を見た!!
ナイス深キョン!!
そしていつものペンギン走り
↑二の腕のムチムチがたまらん
伊藤英明
『YASHA（夜叉）』
伊藤くんが善と悪の2役に挑戦！静のボディガード役で阿部ちゃんも出てた。とても濃かった……。
天才科学者有末静
茂市《もいっ》ちゃん茂市ちゃんああ茂市ちゃん
ハイーハイ
目の見えないピアニストの演技めっちゃうまかったカッシー弟・収史くん
兄さん兄さんああ兄さん!!
静の双子の弟雨宮凛
※この他『ウイルス・ウイルス』あぁウィルス』な人もいて、とてもこだわりな人たちのドラマ!?。なぜか男と男のハグ（抱擁）シーンが多かったにゃー。映像も耽美テイストで『NIGHT HEAD』みたいなカルト的人気が高し。静の少年時代の子役のコもかわいかったよ！
ラスト弟の腕の中で「愛してるよ、これからもずっと…」とおなくなりに

筧利夫
『踊る大捜査線』の新城管理官はひじょーにクールでしたが『フードファイト』のドクター如月、『やまとなでしこ』の粕屋さん…と最近は、はじけ度MAX!!
「少しは落ちつけ!」と言いたいくらいの　せわしなさから目が離せません。
いくら心がキレイでも顔が汚なきゃゴメンです！　byドクター如月
さすが元パンチパーマで空手部なだけに(?)動きも軽快だ！
トークでの突っ走りぶりも見のがせないぃ
ロケで本物見たらとってもミニだった筧さん…
体はミニでもエネルギーはグレイト！
八嶋智人
『古畑任三郎』ではありとあらゆる職業であらわれて冷静な推理を展開！
『HERO』では阿部ちゃんとの凸凹コンビがナイス。八嶋さんて情報通っぽいキャラ？
舞台『人間風車』では子供の役でした
なんか体型が爆笑・田中っぽい!?
遠藤憲一
『池袋ウエストゲートパーク』羽沢組若頭・氷高役
『氷の世界』では倉木管理官　冷徹さがおステキ!!
ガキのケンカに大人のオモチャ持ち出してどうするんですか?
エンケンこと遠藤憲一さん　めっちゃコワイぃ!!　でも森下愛子さんにドツかれて八ナ血出してるおちゃめさんなとこも♡

あとがき
ども。
おひさしぶりでございます。ついに出ました『すちゃ3』！
しかも今回はオール16カラーーッ
まだカラーじゃなかった頃の原稿もあらためて色つけしたっス！
ところがコレが5年くらい前のシロモノ なもんで…
えーーと…コレ何色だったかなと……
かなりいいかげんな記憶でぬってしまったため……
あとで資料見たら（あとで見るなよ！）奥さま!! まちがい多数発見……
↑マメマンの衣装はミドリだったのねーーん
『めちゃイケ』のスーツは赤でした——
この他にもいっぱいあるハズ!! ま、いーか（← よくねーか）

さて！今回もカトがぜひぜひお会いした方々と対談させて頂きました――――！
プロデューサーにして現役ママが家っーとてつもなくマルチな磯山さん
えーーっ？ママが家のちがいいですよー
そうっスか!? そんなことないってオレのばーい……
キュートっぷりにハートうちぬかれましたよ
サッカー好きの岡田さんとは思わずサッカー話ばっかしちゃったような……
どうすかね トルシエ
エッセイのよーにやさしい語り口
スイマセン…
お子さまもサッカー少年！未来の日本代表!?
だから W杯はね
唯一、飯田さんとは以前から面識あり
そう、あれは初めて出会った時
『おちゃらか』のイラストさ なんで沙粧妙子より香取慎吾のことデカく描いてんだよー
だってあの慎吾 サイコーカッコいいじゃないっスか!?
ドキドキ……
そして今回…
オレ『沙粧…』のビデオ見直したんだけど やっぱ香取慎吾カッコよかったわ！
今頃かよ。
そんなおちゃめなジョージさんが大好きなオレです
磯山さん、岡田さん、飯田さん本当にありがとうございました!!
担当の藤田さん ライターの遠藤さん 私の原稿が待ちきれずに(?)結婚されて会社をやめた前・担当のハットリさん
めっちゃお世話になりました
オラァまたやっちまっただ……またみんなを待たせちまっただああ
原ぴーも落合もあじがとー！
そして読んでくださったすちゃらか仲間の皆さんベリベリサンキュー♥
それではまたお会いしましょーー!!

おしまい